普通高等教育"十四五"部委级规划教材

"互联网+"新形态一体化精品教材

产品创新设计实务

产品服务与积极体验设计方法案例十讲

吴春茂　黄沛瑶　编著

东华大学 出版社·上海

内容简介

本书从当代产品设计（工业设计）专业学生面临的现实困境出发，通过选取国际获奖设计作品，分析其设计方法、设计过程、设计结果，以期望手把手教会学生掌握产品设计、服务设计、体验设计、品牌设计的专业知识以及个人设计作品集制作过程。本书的产品设计部分，选取了瑞士籍设计师山本麦（Mugi Yamamoto）的两个作品，服务设计部分选取了上海桥中的两个案例，其余作品来自本产品服务与积极体验设计工作室。本书可作为高等院校产品设计专业教学用书，对从事产品创新设计及相关工作人员亦具有一定参考价值。

图书在版编目（CIP）数据

产品创新设计实务 / 吴春茂，黄沛瑶编著 . -- 上海：东华大学出版社，2022.08

ISBN 978-7-5669-2091-1

I. ①产... II. ①吴...②黄... III. ①产品设计 - 研究 IV. ①TB472

中国版本图书馆CIP数据核字（2022）第134042号

责任编辑：张力月；装帧设计：黄沛瑶

产品创新设计实务

CHANPIN CHUANGXIN SHEJI SHIWU

编著：吴春茂 黄沛瑶

出版：东华大学出版社；地址：上海市延安西路 1882 号；邮编：200051

出版社网址：http://www.dhupress.dhu.edu.cn；天猫旗舰店：http://dhdx.tmall.com

印刷：上海盛通时代印刷有限公司；开本：889 mm x 1194 mm 1/20；印张：8.2

字数：308 千字；版次：2022 年 08 月 第 1 版；印次：2022 年 08 月第 1 次印刷

书号：ISBN 978-7-5669-2091-1；定价：78.00 元

序言

　　我从事设计教学三十余年，现仍在教学岗位担任本科产品设计课程教学工作。在多年来的教学中我和同事们都会产生一些焦虑，这种焦虑主要源自于社会的迭代发展和我们自身所面临的转型困境。尽管经历着不断地课程改革、教学实践以及模式探索，但仍会有"执本末从"之感。这一定是因为时代嬗变、晷刻渐移，设计的内涵在发生变化，知识的边界在扩大，学科的任务变得复杂，而我们在很多方面还固化在以往的经验里，思想还没有完全从历史的惯性中抽出。教与学双方都需要更加有效地在学习观念、知识建构与方法手段上加以革新。

　　产品设计作为艺术学门类下的一个专业，融合科技、艺术、经济以及社会性因素而呈现出综合性特征，长期以来在工业化和商业化的交叉影响之下形成了一定的方法体系，体现在设计教学中一般就是"问题化、概念化、视觉化、产业化、商品化"的思维模式。不过，比较其他设计相关专业领域在方法论上并无本质差异，教与学的过程无非就是围绕着"目的、途径、手段、工具、程序"这一方法系统展开。其中，确立"目的"（目标或方向）的方法又是规定其他方法要素构成的关键所在。正是这一特点，使得产品设计专业的发展面临空前挑战。因为，在信息化时代背景下，社会需求、技术基础、生活方式以及服务模式等都在发生改变，使得产品设计的角色正在被重新的定义，产品设计的任务核心已经从历来的以工业技术为中心转向以用户服务为中心，在当今以服务为特征的产业范式下又出现越来越大跨度的领域交叉与融合，产品设计所服务的行业重心也正在从生产侧、流通侧向着消费端偏转。而且，在这个物质丰富时代，人们的生活目标已经从物质需求转向对幸福感的追求。这一切的变化都在表明产品设计目的、目标、方向及其相应的方法正在发生着"纲举目张"式的系统性改变。因此，产品设计教学也必然要审时度势，基于现实的目标去构建培养创新设计人才的教学方法。

　　《产品创新设计实务》的编者作为产品设计专业教师，对当下产品设计教学所存在的问题具有敏锐的意识和独到的见解，与许多同行专家也有诸多共识。该教材的出版正是关注到现实背景下产品设计的学习目标、途径，应用手段、工具，以及基本流程的变化，更是关注到设计教学过程中师生对于各种思潮、概念，以及跨越领域的方法工具切实掌握的难度，对当今各类用户研究的方法进行了整理和补充，为相关设计实践提供了理论指导和案例示范。该书重点从覆盖面相对较广的产品设计、服务设计、体验设计及品牌设计四个方面选择了各种产品品类的创新设计真实案例，针对课堂教学中用典型案例难以覆盖的那些由即时性、随机性问题所产生的真实的"非典型性"案例和议题，从实际出发，引导学生理解产品设计过程背后复杂环节所包含的逻辑，提升学生在日常现象中找到问题，从生活需求中发现价值的能力。这也是针对现行课堂教学有限的课时和强度下延伸学习的补充，是另辟蹊径地让学生掌握具有实操性的创新设计过程，切实理解产品设计背后的系统化原理，启发学生在设计实践中建立起自主学习的意识，开辟自主学习的途径，去自主规划学习目标。

　　愿广大师生永葆初心，共同努力，为国家的创新发展贡献自己的力量！

东华大学 服装与艺术设计学院 产品设计系

教授、博士生导师

吴 翔

2022年7月1日

前言

　　随着时代发展，产品设计的内涵与外延正发生着深刻的变革，已从传统的手工艺产品设计制作，经过了工业化、批量化产品设计制造阶段，转变到交互设计、体验设计、服务设计、信息物联网设计等。在高等教育院校，当下产品设计专业课程已不能单纯教授传统的构成、造型与技法等专业知识，而应面向当下现实需求，结合新技术、新工具、新手段，针对产品、服务、系统、体验等方面进行系统性、科学性设计教学，培养跨学科、综合性、创新型、思政型设计专业人才。然而，调研发现：部分产品设计专业高校在紧跟时代发展进行相应教学及课程内容与形式改革方面仍然存在一定滞后性，导致了部分产品设计专业大学生面临着如下几点现实困境。

——不能建构清晰的设计方法模型

　　设计作为一门科学，已具备了完整的设计理论方法体系。然而，当下许多学生在拿到设计任务或设计需求时，仍旧停留在从大脑已有知识中头脑风暴、冥思苦想，或参考其他相关作品以给自己获取所谓"灵感"的阶段。本书将介绍多种清晰的产品服务与积极体验设计方法模型，以帮助学生在遇到设计需求时，运用科学方法开展设计活动，从而产生可持续的创意概念。

——不清楚真实的设计开发流程

　　由于主客观、内外部条件的约束，许多学生读书期间并没有机会体验真实的产品开发设计流程，了解成功产品开发背后的设计过程故事，仍旧停留在"虚题假做"阶段，纯粹概念发散与真实产品设计开发仍有较大区别。本书以一线设计师或企业的设计开发案例为主，给大学生展示产品开发的真实流程，讲述产品开发背后真实的设计故事，以提升读者对真实产品开发的设计认知。

——不知道如何表现个人作品集

　　如今设计专业学生，尤其是临近毕业的群体，为了出国、考研或参加工作，花费大量的时间与金钱，请校外的培训机构讲授个人设计作品集制作技巧，反而对学校里的课程作业缺乏认真的对待。本书结合多个国际获奖的实践设计案例，手把手教学生们设计过程，通过将课程作业与作品集制作结合起来，并匹配国际设计比赛参赛要求，以呈现属于自己的高水平作品集。

　　本书从产品设计、服务设计、体验设计、品牌设计四个方面，共选取了十个新的产品创新设计方法，以及对应获得国际奖项的设计实践。产品设计部分，本书选取了瑞士设计师山本麦负责设计完成的Stack喷墨打印机设计与Wan嵌套座椅设计，以及本团队为浙江惠美集团开发的Lian校园家具设计。服务设计部分，本书选取了上海桥中完成的田园东方田野农场设计、华润置地物业管理设计两个案例。在积极体验设计部分，本书选取了本团队完成的M-Genius数学应用程序设计、Forward公寓床设计、Here隔离游戏手柄设计、Growth促进交流桌设计四个设计案例。在品牌设计方面，选取了本团队设计的晨光儿童文具系列设计案例。作者期望本教材能够让相关同学轻松掌握产品创新设计方法流程与设计实务。

　　本教材是编者专著《产品服务与积极体验设计》的姊妹篇，内容偏重于实践教学环节，以期手把手教会学生进行设计实践。本书编写过程中，吴春茂与黄沛瑶两位编者全程协作，共同完成教材撰写与内容修订工作。在此，编者感谢书中相关案例设计师提供的大量素材。书中若有不足之处，请各位专家同仁批评指正。

编者
2022年5月1日

目录

第一部分 基本概念

1.1产品设计

1.1.1 概念定义

产品设计作为设计学一级学科下的一门学科专业，涉及工业化产品以及手工艺产品等。产品设计专业可专注于与环境相结合的可持续产品设计、绿色设计，与生活方式相结合的生活产品设计、时尚产品设计，与用户情感相结合的情感化产品设计，与用户交互相关联的交互产品设计等。虽然产品设计具有广阔的设计范畴，但是其具有相近的设计开发流程，均涉及前期研究、概念设计、结构工艺设计、模型设计、可用性测试、生产设计等环节。

产品设计包括了从构思新产品设计任务书到设计出产品样品为止的一系列技术与艺术相结合的工作。其工作内容是制订产品设计任务书及实施设计任务书中的项目要求，包括产品的造型、色彩、材料、结构、工艺、表面处理、性能、规格、寿命、可靠性、使用条件、应达到的技术指标等。产品设计应该做到：①设计的产品理念应是前沿的、高品质的，能满足用户使用需求；②设计的产品应满足利益相关者需求（制造商、销售员、使用者、品牌方等）并能取得商业上的成功；③产品设计符合环保理念，不会对环境带来负面的影响；④注意提高产品的系列化、通用化、标准化水平，同时应该考虑品牌一致性的需求。

1.1.2 设计流程

产品设计过程需要遵循一定的产品开发设计流程，主要包括了如下几个步骤。

项目立项： 项目立项前需要进行深刻的项目沟通，必须与客户就设计方向、内容、风格等进行深入地探讨和交流。只有前期细致的工作才能保证日后项目的顺利运行。项目立项需要确认以下几点信息：项目背景、研究目的、研究内容、研究方法、研究流程、研究时间、阶段成果、设计经费等。

调研分析：设计之前首先要对各利益相关者以及环境、产品、市场竞品等进行深入地调研分析，主要包括了如下几个部分。用户研究：生活方式、用户行为、消费倾向、品味研究、产品使用调查；环境研究：市场调查、竞争对手分析、产品使用环境；产品研究：形态、色彩、材料、结构、表面处理、生产工艺分析、典型产品解析；时尚趋势：形态、色彩、材料等潮流趋势运用；社会趋势：资源、能源、生态环境、老龄化等。

设计界定：调研分析最后会形成一个较具指导性的文本，即产品企划书。其中包括：产品概念、设计概念、功能使用和形态、色彩、结构等，对于企业而言，还有市场调查概要、开发成本、开发日程等。

概念设计：此阶段工作的核心是创意生成。设计公司将根据用户需求分析报告，提出问题关键词；对关键词做头脑风暴草图，提出解决问题的方向；综合各种因素，集体投票选中最优概念；再进行小组外观、色彩草图展开，之后投票选出最优方案（结合时尚趋势报告、工艺、竞争对手产品报告）。根据如上报告，初步界定该产品的材料、表面处理、工艺。这里需要提到通常意义上的三大概念设计创新的途径：基于需求层面的创新、基于技术层面的创新、基于文化层面的创新。

产品设计：设计公司对其创意的可行性加以论证，并通过优化，协调该产品在造型、色彩、人机工学、界面交互以及功能等方面的复杂关系，从而使该概念设计更具合理性与可行性。然后完成外观模型以及概念设计原型的制作，最后运用三维辅助设计完成具体的设计工作，进入结构设计阶段。

结构设计：通过3D工程软件（Solidworks、Pro/E、UG）设计好产品的内部结构，并确定零件的材质、表面状态、结构强度以及模具优化等工作并确定生产中所需的规格和技术，测算材料和制造成本，配合好相关供应商进行下一步的生产工作。

样品制作：首先要向模型公司提交一份规范的输入文档，里面包括此产品的丝印（潘通颜色、材料、表面质感、文字内容）、Pro/E文件、制作清单（序号、图片、名称、材料、表面处理）、效果图。模型按照加工方式分：模型快速成型、真空注型小批量生产模型、低压注射等。与生产企业深入沟通结构设计图纸和所有可能出现的细节问题，并小批量生产制作样品。

可用测试：将模型样品拿给真实的用户进行体验，通过现场使用观察、事后焦点访谈等方式，收集用户的真实反馈信息。设计师及相关工作人员基于反馈结果进行分析，适当调整修改模型，为最终批量生产做准备。

1.1.3 设计原则

产品设计过程是一个策略问题解决的过程，设计过程中需要遵循一定的设计原则。本书主要介绍当下主流的几个产品开发设计原则。

——以用户为中心设计

以用户为中心的设计原则主张设计过程中设计对象（即用户）作为设计活动的中心地位，设计产品的使用层面应满足用户的可用性、易用性、好用性，交互层面应满足用户良好的互动体验与情感连接，产品语意层面还应满足产品对用户的象征意义。经过数十年的发展，以用户为中心的设计原则逐渐得到了广泛认同。这使得产品设计的每个阶段，均需要用户的参与、体验、反馈，使得最终设计结果充分满足用户的内在真实需求。

——可持续设计

可持续设计是一种构建及开发可持续解决方案的策略设计活动，强调均衡考虑经济、环境、道德和社会问题，以再思考设计去引导和满足消费者可持续性需求。可持续的概念不仅包括环境与资源的可持续，也包括社会、文化的可持续。可持续设计要求人和环境的和谐发展，设计既能满足当代人需要又能兼顾保障子孙后代永续发展需要的产品、服务和系统。主要涉及的设计表现在建立持久的消费方式、建立可持续社区、开发持久性能源等技术工程。可持续设计体现在四个属性上，即自然属性、社会属性、经济属性和科技属性。就自然属性而言，它是寻求一种最佳的生态系统以支持生态的完整性和人类愿望的实现，使人类的生存环境得以持续；就社会属性而言，它是在生存于不超过维持生态系统涵容能力的情况下，改善人类的生活质量（或品质）；就经济属性而言，它是在保持自然资源的质量和其所提供服务的前提下，使经济发展的净利益增加至最大限度；就科技属性而言，它是转向更清洁、更有效的技术，尽可能减少能源和其他自然资源的消耗，建立极少产生废料和污染物的工艺和技术系统。

——情感化设计

产品设计交互过程中，是否给用户愉悦的情感体验是决定产品设计成功与否的重要标准。唐纳德·诺曼（Donald A. Norman）在情感化设计方面贡献了大量的知识，他将情感化设计分为本能层、行为层和反思层三层。本能水平的情感反应与产品给予人的第一感受直接相连，通常会通过产品的形态、色彩、材料肌理等方面表现。行为水平的设计主要讲究的就是效用。优秀的行为水平设计具有三个方面的要求：功能性、易用性、人机性。反思水平的设计注重的是信息、文化及产品对于使用者来说的意义。它使产品本身引起使用者的情感共鸣，是一些深层次的意识活动所带来的乐趣。三个层次相互交叉影响，情感化设计原则是产品设计过程中需要考虑的核心要素之一。

——包容性设计

英国标准协会（2005年）将包容性设计定义为："使尽可能多的人可以获得和使用的主流产品或服务的设计。……不需要特殊的改变或专门的设计。"包容性设计并不意味着总是可以（或适当地）设计一种产品来满足整个人群的需求。相反，包容性设计通过以下方式引导对人群多样性的适当设计响应：开发一系列产品和衍生产品，尽可能提供最佳的人口覆盖率；确保每个产品都有明确的目标用户；降低使用每种产品所需的能力水平，以便在各种情况下为广大人群改善用户体验。

　　整体而言，产品设计是一个从无到有的造物活动过程，从人的内在需求出发，平衡品牌商、生产商、销售商、购买者、使用者、拥有者、回收者等利益相关者，利用现有的文化、科学、技术、工程知识，将目标对象主观需求转变成物理产品的设计过程。它遵循了一套通用性的设计流程与设计原则。好的产品设计，不仅能表现出产品功能上的优越性，而且便于制造，生产成本低，利于回收，能传承文化，从而使产品的综合竞争力得以提升。因此，产品设计是集艺术、文化、工程、材料、经济等各学科的知识于一体的创造性活动，反映着一个时代的经济、技术和文化水平。

　　然而，在信息时代，传统的产品设计逻辑已经不能完全满足用户的需求。有时，用户需要的并不仅仅是一个产品，也可能是一项服务。例如，在共享经济时代，以短途出行为目的的用户不需要再购买一辆自行车。在这种情况下，用户购买的不是产品，而是出行服务。这种服务建立在用户服务体验、产品系统基础之上。就像世界设计组织对工业设计的新定义——通过创新的产品、系统、服务、体验来引导一种更高品质的生活。

1.2 服务设计

1.2.1 概念定义

　　服务设计是为了改善服务质量，优化服务提供者与接受者之间的交互流程，对服务人员、基础设施、信息沟通和支撑材料组成部分进行流程规划和组织规范的设计活动。服务设计可以是对现有的服务进行优化，也可以是创建全新的服务模式。简而言之，就是通过探索系统中各利益相关者需求，构建一个整体的服务框架模型，并对服务框架中的各类触点与流程优化进行设计。通过服务来为用户及系统中的其他利益相关者创造更好的体验和价值。服务设计应该有明确的服务接受者与服务提供者，以为利益相关者带来有用、可用、好用、有效、高效的体验为目标，对服务过程进行设计。从市场层面来看，由从前的"产品是利润来源""服务是为销售产品"，向今天的"产品（包括物质产品和非物质产品）是提供服务的平台""服务是获取利润的主要来源"进行转变。人与服务之间不再是冰冷的、无情感的使用与被使用的关系，取而代之的是更加和谐与自然的情感关系。从设计的目的来看，服务设计可以分为商业服务设计和公共服务设计，前者偏向于为商业应用提供设计策划，后者偏向于为社会公共服务提供设计策略。

1.2.2 发展历程

1982年，"服务设计"的概念被首次提出。学者G.利恩·肖斯塔克（G. Lynn Shostack）在论文 *How to Design a Service*（如何设计服务，1982）和 *Designing Services That Deliver*（设计传递的服务，1984）中，首次提出了服务设计（Service Design）这一概念。在论文中，作者首次提出服务蓝图，提出使用服务蓝图来对服务进行体验的提升。

1986年，设计心理学家唐纳德·诺曼在加利福尼亚大学的研究实验室里提出了"以用户为中心的设计"。

○1993年，安格斯·詹金森（Angus Jenkinson）创造了人物原型（Persona）工具。该工具有助于设计师通过调研建立用户画像，帮助设计师更好构建故事框架和研究目标用户。

○1998年，服务设计中的工具之一顾客旅程地图被提出，通常被用来可视化展现无形的服务流程。

○20世纪末期，产品与服务结合的产品服务系统理念被设计界熟知。产品服务系统设计主要是针对产品服务系统涉及的战略、概念、产品、管理、流程、服务、使用、回收等各个方面所进行的系统性设计。

○2005年，英国设计委员会（The British Design Council）发布了双钻石（Double Diamond）设计方法模型。

○2008年，国际设计研究协会对"服务设计"给出了新的定义，即服务设计从用户的角度来讲，服务必须是有用、可用以及好用的；从服务提供者的角度来讲，服务必须是有效、高效以及与众不同的。

○2011——2016年，《服务设计思维：基本知识—方法与工具—案例》与《服务设计实践》（*This is Service Design Doing*）著作出版。

○2019年，作者分析了服务设计中用户体验地图、顾客旅程地图与服务蓝图异同点与相关性，并构建了系统的服务设计框架模型。

1.2.3 设计原则

——以利益相关者为中心

　　服务设计旨在深入了解利益相关者的习惯、文化、社会背景和动机。不同的利益相关者，包括用户、研究员、设计师、制造商、营销人员和员工均参与到服务设计中去。这样可以解决以利益相关者为中心语境下的需求所表达的问题。

——共创

　　服务设计需要将顾客纳入设计过程中，通常设计对象不止一个顾客群体，每个群体均有不同的需求，因此需要通过协同共创来满足不同顾客群体的服务需求。此外，在服务设计过程中还需要考虑到不同利益相关者，如用户、设计师、工程师、市场人员、研究员以及其他相关者等。因此，不同参与者和顾客群体均被邀请到服务设计中共同创造（共创），一起开发与界定服务设计内容与流程。

——顺序性

　　服务设计被视为一个伴随着周期性与节奏性的动态设计过程。由于顾客的情绪受到服务感知的影响，服务的时间顺序流程在设计中至关重要。在服务设计中，利益相关者通过时间顺序来定义服务接触点并发现服务痛点。

——可视化

　　无形的服务可以通过服务设计可视化。以纪念品设计为例，宣传册可以起到一种提醒的作用，甚至当有形的服务结束时，它还能延续人们良好的情感记忆，从而增加用户的忠诚度。服务可视化包括可视化用户的需求、想法、流程和服务价值，有助于利益相关者有效理解服务。

——系统性

在服务设计中应关注服务系统性，这包括服务流程的系统性（服务体验过程不是单维的，而是动态多维的）、服务内容系统性（服务流程、服务模式、服务触点、痛点、难点等）、服务环境系统性（服务发生的空间环境、自然环境、社会环境以及服务提供者身份等）、服务对象系统性（平衡各利益相关者之间的需求冲突）。服务设计师的设计产出有时会与其他学科相近，如交互设计、视觉设计、体验设计、产品设计等，以及应用心理、商业开发、市场营销、人类学、社会学等方面。

服务设计能够通过探索服务系统中各个利益相关者的需求，构建一个整体服务框架，并对服务框架中的各类触点进行设计。旨在通过服务来为用户及服务系统中的其他利益相关者创造更好的体验与价值。为实现这一目标，需要系统地了解环境，发现用户需求，并设计能够提供更好服务体验的触点。服务设计从最初大多应用于公共服务领域，到如今零售业、银行、医疗、餐饮、交通等各个领域都开始使用服务设计来对整体体验结合线上、线下进行系统升级。例如，随着新零售的崛起，对线上、线下零售体验的融合有了越来越多的需求。因为许多时候用户需要的并不是单一的产品，而是整体的服务体验。因此，无论是产品还是服务，在与目标对象交互过程中的感知体验与积极反馈也是设计师在设计过程中所需要关注的重点因素。

1.3积极体验设计

1.3.1 概念定义

积极体验设计是一项可能性驱动的正向价值创造活动，通过创新的产品、服务、系统，为个体、社区提供愉悦且有意义的交互体验，以提升个体的幸福、社区的繁荣，并构建美好的未来。通过积极体验设计概念，可以得出如下四点结论：第一，积极体验设计的基本出发点是为目标对象创造正向价值，而不是消极或者无效的价值。为实现此目标，积极体验设计采用的是可能性驱动的设计路径，以为目标用户创造更多可能价值。第二，积极体验设计是以产品、服务、系统为设计载体。研究表明，用户主观幸福感由其行为驱动产生，虽然产品、服务并不能直接提升用户的主观幸福感，但是其可作为中间变量影响用户的主观幸福感。第三，积极体验设计的设计对象为个体及社区。积极体验设计不但为个体提供愉悦并有意义的交互体验，同时也可应用于社区共享互助设计。第四，积极体验设计目标是为了个体的幸福以及社区的繁荣，积极体验设计关注的是设计对象长期目标的实现，而不仅是短期愿望的达成。当下许多设计理念虽然以用户为中心进行设计，但似乎并没有从个体长期幸福感与社区繁荣的视角展开研究，这正是积极体验设计的使命所在。

1.3.2 设计原则

——创造积极可能

积极体验设计不是为了提出问题、分析问题、解决问题，而是采用新的思考逻辑为人们主观幸福感的提升提出新的可能性。由于解决问题后往往会产生新的问题，因此积极体验设计不应只立足于解决当下的现实问题，而是基于真实需求，思考未来目标，进而提出新的可能性。

——丰富积极体验

积极体验设计的目的不是为了设计某种产品或体验，而是多途径拓展个体愉悦的路径，丰富用户的积极体验。积极体验是一种带给用户愉悦而又有利于用户未来成长的体验。在物联网时代，丰富用户的积极体验不但意味着暂时的积极体验，还意味着可持续的积极体验。

——激励意义行为

积极体验设计不仅是为了个体愉悦体验而设计，更重要的是驱动个体，去平衡快乐和美德之间的关系，并激励个体从事长期有意义的活动。日常生活中，用户通常面临着短期欲望与长期目标实现之间的困境，如何通过设计激励用户选择有意义的活动或行为，这是积极体验设计的主要原则之一。

——提升个体幸福

积极体验设计不仅是为了提升个体短暂的快乐体验，还可通过长期目标可视化、自我反思等方式提升个人幸福。通过比较体验对短期与长期幸福感的效果，表明体验对短期愉悦直接相关，但是在体验中加入物质元素可以对长期幸福感产生影响。积极体验设计整合产品、服务与交互体验，从用户的长期主观幸福感视角出发，面向个人未来发展，提升个人幸福。

——促进社区繁荣

积极体验设计不仅是为了个体幸福而设计，还能通过设计赋能组织，激励个体开发自身潜能，加强社区间的互动，并为社区繁荣作出贡献。社区繁荣首先体现在社区成员社会关系的和谐，积极体验设计可通过产品、服务、空间载体来提升社区内部成员间的互动，来构建积极的社区环境。

——贡献社区服务

积极体验设计可增加个人对社区乃至社会的短期与长期影响及服务。积极体验设计要鼓励个体参与社区互助设计活动，以及个体对环境的积极影响，以贡献个体服务。当个体与社区及环境发生矛盾时，积极体验设计可通过设计手段、路径去协调解决困境。研究表明贡献社区服务也有利于提升个体长期的主观幸福感。

1.3.3 设计方法

（1）可能性驱动设计

传统问题驱动的设计是基于现实困境，发现问题、分析问题、解决问题，实现短期目标，进而一步步实现长期目标。可能性驱动的设计不在于解决暂时设计问题，而是基于用户长期目标的实现，从用户的现实挑战与需求困境出发，面向未来愿景，提出新的设计可能性，进而基于短期目标提出解决方案。可能性驱动的一个案例是腿部修复术。传统上，假肢是在技术使用的"病态模型"中发展起来的，因为拥有两条完整腿被认为是正常的。因此，安装假肢的目的往往是完全模仿正常人的腿。基于可能性驱动的设计思路使奥索（Össur）设计了一款革命性的碳纤维假肢——猎豹脚，它没有模仿正常人的腿，而是试图提出更多的可能性。猎豹脚使腿部残障人员比正常人行走更加便利，通过设计新的可能性提升腿部残障人士的自信心与幸福感。

（2）积极体验驱动设计

积极体验设计的研究出发点在于目标对象实践活动的背后行为动机。学者肖夫（Shove）将人的实践活动概括为三要素：意义、行为、产品。意义象征价值、目标和动机；行为象征能力、知识、技术；产品代表使用工具、物理环境及辅助设施。三者之间相互作用、相互影响着用户的主观幸福感。基于用户行为动机，设计师界定用户积极体验六个要素（自主性、技能性、相关性、流行性、刺激性、安全性），分析生成用户概念故事，进行积极概念可视化设计。需说明的是：因为用户积极体验需求不同，所以不同个体运用同一款产品可产生不同的行为与意义。以用户周末在家做晚餐为例，如果用户每周末在家做晚餐是一种体验，并享受整个制作过程，体现了其"自主性"的心理体验；如果用户想利用周末时间学习做饭技能，体现了其"技能性"的心理体验；如果用户想周末做一顿丰盛的晚餐来与家人分享，体现了其"相关性"的心理体验；如果用户在做完一顿晚餐后，拍照分享到微信朋友圈以期望获得朋友赞美，体现了其"流行性"的心理体验；如果用户想在周末挑战不同美食制作方法，并在挑战中感受到快乐，体现了其"刺激性"的心理体验；如果用户周末在家制作晚餐，是因为担心外面餐馆食物不健康，体现了其"安全性"的心理体验。

（3）控制困境驱动设计

这是一种适用于用户在长期目标实现与短期欲望诱惑发生冲突时的积极体验设计路径，包括增加积极体验点、可视化长期目标、困境自我反思。增加积极体验点使用户在追求长期目标实现过程中，将长期目标细分化，增加每个子目标的积极体验点，以保持对长期目标追求的动力。长期目标可视化包括长期目标整体流程可视化，以及实现长期目标预期成果可视化。通过可视化流程，使长期目标可以通过分阶段方式实现，帮助用户预见长期目标中每个阶段实现以及长期目标完成情况。可视化预期成果是运用视觉可视化手段，呈现给用户可视化预期成果，以激励用户实现长期目标。困境自我反思是通过积极暗示来刺激个体反思短期欲望与长期目标，以提升对短期欲望与长期目标的消极与积极结果的认知，从而鼓励个体对长期目标实现的追求。

（4）分享互助驱动设计

研究表明，比起利己，帮助他人更能提升个体的长期主观幸福感。这对于提升社区活力具有重要指导意义。在促进社区繁荣方面，积极体验设计可从互助娱乐、互助健身、互助学习、互助生活、分享日常、临终关怀等不同角度，构建社区分享互助产品服务平台，以激发社区居民的参与感、获得感、幸福感。个体通过参与社区服务提升其参与感，帮助社区人员以提高他们的获得感，个体在帮助他人过程中形成良好的人格，提高个体的长期幸福感。本设计方法应注意：社区设计应充分考虑社区地域文化特征。积极体验设计应以分享互助为前提条件；要以社区的愉悦体验与社区成员间关系和谐作为设计评价准则。

1.4品牌一致性设计

1.4.1 概念定义

现代营销学之父科特勒定义品牌是销售者向购买者长期提供的一组特定的产品、利益、服务。品牌从本质上是引人注目的，其作用是塑造一个独特性、关联性的印象。通过视觉、产品或者服务等载体与用户及利益相关者互动，而形成的固有理念与认知。品牌设计即为塑造独特性的品牌而进行的创造性行为，其包括了视觉包装、产品系列、服务活动、环境形象、品牌理念、交互界面等一切与品牌系统设计相关的构成要素。在众多的设计要素类别中，如何保持一致性的设计语言对品牌塑造与传播具有正向意义。

品牌一致性设计流程是在遵循统一的企业哲学基础上，构建明确的品牌价值观，制定清晰的品牌设计原则，并应用在产品设计、服务设计、体验设计中，以实现自上而下、自始至终保持品牌设计语言一致性的目的，以此使得品牌在与用户及利益相关者的交互体验过程中，传播一致性品牌形象。

本书从产品创新设计的视角介入，探索如何通过设计保持品牌一致性设计语言。此处的产品创新设计遵循了上文提到的相关方法，但是在品牌产品创新设计过程中，设计师还需深刻了解品牌历史、品牌文化及品牌价值观，并在设计过程中体现品牌特性。

1.4.2 设计原则

基于品牌一致性设计概念定义，其设计原则具体如下：
①制定品牌愿景与品牌价值观，并忠实于品牌自身的传统基因。
②构建品牌用户画像，并指导验证设计结果的可行性与有效性。
③创建品牌一致性语言设计指南，并贯穿产品创新所有接触点。
④设定产品创新设计标准化流程，并通过多部门协同合作执行。
⑤创造印象深刻的标志性产品，并向用户传播生动的品牌故事。

第二部分 设计实务

2.1产品设计

Stack 喷墨打印机

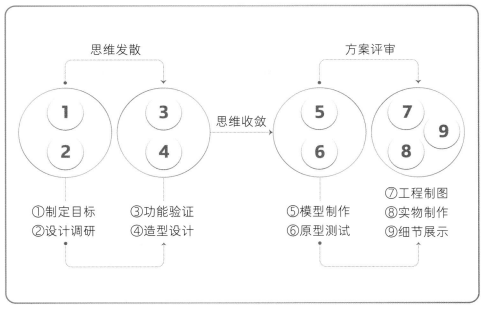

图2-1-1　产品创新流程

2.1.1　方法介绍

在产品设计程序中，新西兰工业设计协会主席道格拉斯·希思（Douglas　Heath）曾提出将设计程序分为六大步骤，具体指：确定问题、收集资料和信息、列出可能的方案、检验可能的方案、选择最优的方案、实施方案。基于此，进一步细分六大步骤中九个要素以支持产品设计活动（图2-1-1）。

首先，设计师需要根据企业提出的设计要求或接受的相关任务制定设计目标与计划，并进行相应的市场与用户调研，明晰设计定位；其次，设计师需要依据现有产品的结构、造型、功能等发散出尽可能多的构思概念与创意草图；再次，通过计算机辅助设计、模型制作、原型测试检验设计概念的可行性与有效性；最后，对造型设计进行结构设计与绘制工程图，以支持最终的样机模型生成。

Stack喷墨打印机设计

　　"Stack"是一款小型喷墨打印机，它位于打印纸的顶部。打印时，"Stack"打印机会慢慢向下移动，随着一张张打印好的纸张被从打印机顶部弹出，空白的打印纸也随之在打印机下面缓慢消失。这种新的打印方式省略了打印机的箱体（这恰恰是普通打印机中最笨重的部件），使外观轻盈便捷（图2-1-2）。

时间：2013年
设计师：山本麦
该项目是设计师在瑞士洛桑艺术与设计大学（ECAL）的本科毕业设计作品。

"Stack"已被芝加哥雅典娜博物馆作为永久藏品收藏。

获奖情况

美国Core77设计奖

优秀瑞士设计

Prix de la Banque Raiffeisen

奥地利中央合作
银行（银行奖）

戴森设计奖（TOP 10）

瑞士设计奖（TOP 10）

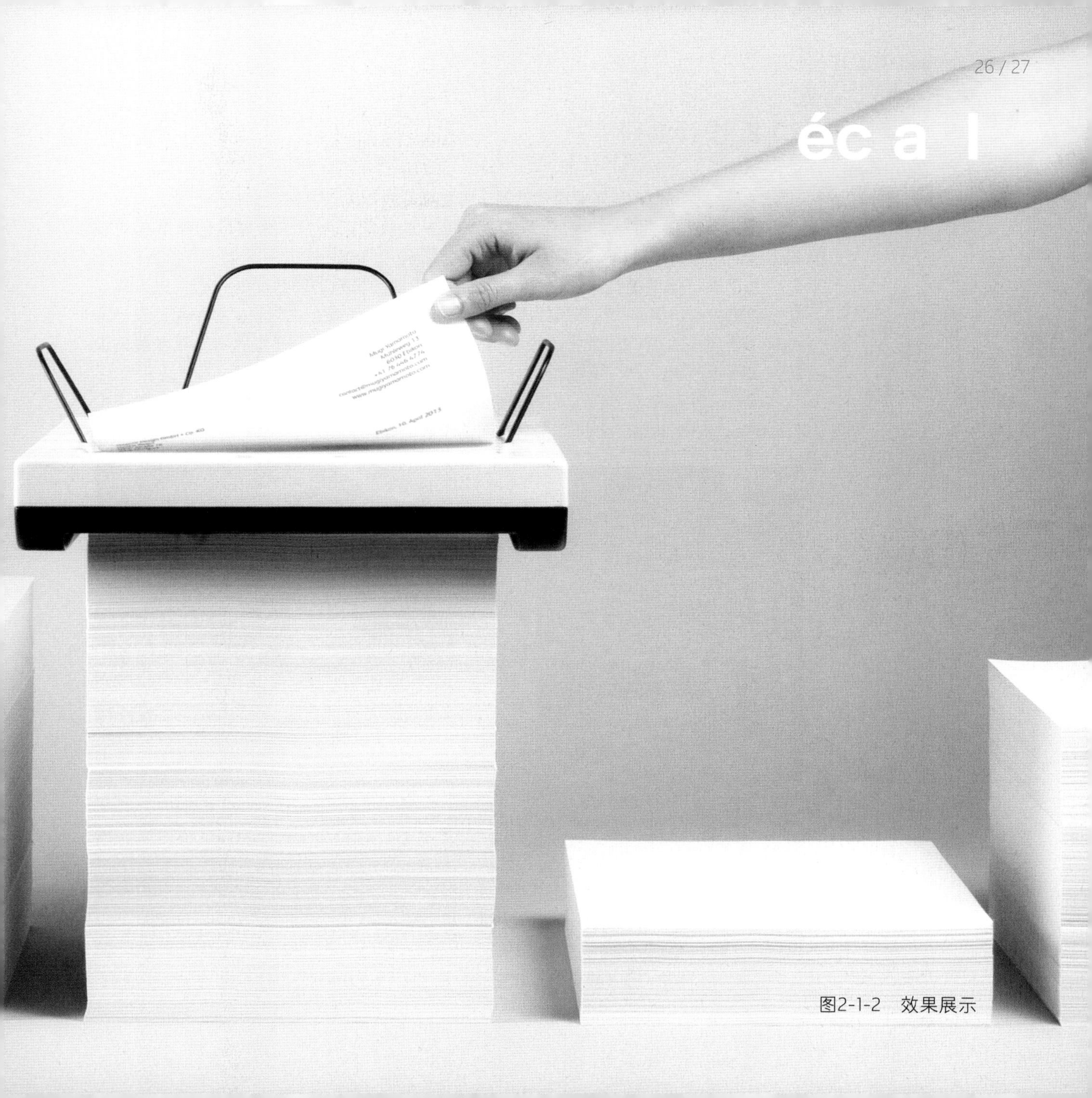

éc a l

图2-1-2 效果展示

2.1.2 设计调研

由于这是一个本科毕业设计课题，首先需要为本设计方向定义一个行业。

设计师在使用打印机方面有着令人沮丧的经历，而且这个领域创新度相对较低，因此决定着手设计一款具有创新性的打印机。

为了设计结果的有效性，设计师联系到了瑞士当地的邮政配送中心，进入并了解打印机的工作原理、打印机处理纸张的设计细节与工程相关知识。在那里，设计师观察了西门子的IRV-3000打印机的相关细节，并得知该机器是当时打印纸张最先进的设备（图2-1-3）。

接着，设计师对市面上的打印机进行了调研，并尝试购买了所有能买到的小型打印机，对它们拆解、分析，了解内部工作原理等。

图2-1-3 苏黎世邮政配送中心的西门子IRV-3000打印机

图2-1-4 西门子IRV-3000打印机内部结构

设计师在苏黎世邮政配送中心参观和研究了IRV-3000型打印机的各个方面（图2-1-4、图2-1-5），分析了这台机器不同的运转轮和捕捉器，并了解了机器如何通过不同的机械结构移动和处理纸张。

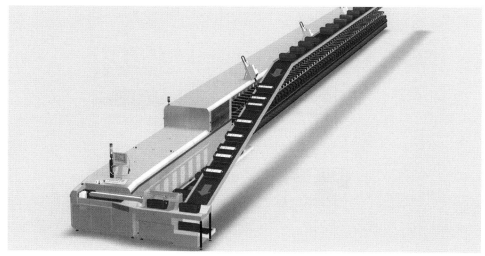

图2-1-5 西门子IRV-3000打印机运作流程

2.1.3 功能验证

　　该设计项目中最耗时的部分是功能验证环节。设计师打开并分析调整了许多打印机（图2-1-6），直到最终的假设功能模型可以运转。下一步，设计师搜索了最小的可用打印机零部件，并基于现有模块设计了"Stack"的造型。

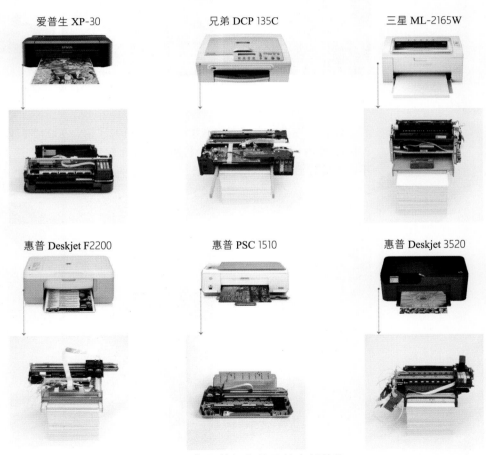

图2-1-6　各品牌打印机及其内部结构

2.1.4 造型设计

　　为了界定最终造型，设计师对现有打印机部件进行分析，并通过虚拟现实技术将其整合在一起，以确定内部电子设备所需体积。这一阶段的挑战在于：给这个新产品一个标志性的，且简约、直观的造型（图2-1-7）。

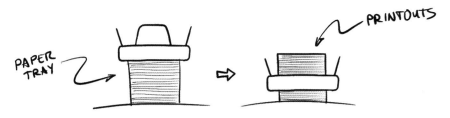

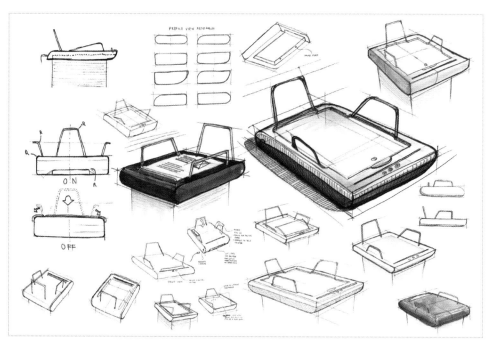

图2-1-7　设计灵感与草图绘制

2.1.5 模型制作

功能原型部分，设计师采用真空成型聚乙烯创建了一个1∶1的设计模型，内部由激光切割中密度纤维板（MDF）和电子元件制成（图2-1-8）。

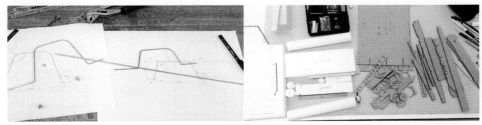

图2-1-8　模型部件制作

该步骤是为了进一步模拟打印机模型的运作方式，即打印好的纸张是如何通过这些金属丝"捕捉器"落在打印机顶部的（图2-1-9）。制作模型在设计中是极其重要的，任何人都可以有关于新产品的想法，但当不确定它是否可以工作时，制作功能原型来说服他人至关重要。

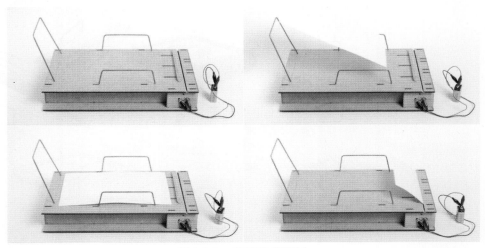

图2-1-9　模型功能测试

为了这台打印机，设计师做了一系列的尝试。首先，制作一些功能原型，尽管这些功能原型看起来并不漂亮，但它们的目的是展示并确保打印机可以"坐"在纸堆的上面，且用户能拉取出最上面的纸张；其次，设计师又做了几个原型来演示纸张如何从原型机上弹出，并平稳地滑行到一个纸堆上的全过程（图2-1-9）；最后，设计师还做了一个设计模型，虽然没有成功，但还是最大程度地展示了最终设计的样子。不难发现，每一个原型都有着不同的目的。因此，在制作时要考虑使用不同的材料和技术，如该项目中使用了3D打印、热成型、激光切割中密度纤维板、弯曲电线、数控铣削、喷漆、焊接电子器件等。

2.1.6 工程制图

为了确保设计概念的真实性，设计师定制了打印机的外壳和小五金件，在网上购买了所需的内部零件，并在Solidworks软件中制作了一个包含所有内部零件的组件，用来展示这个概念在如此小的尺寸中是可行的（图2-1-10）。

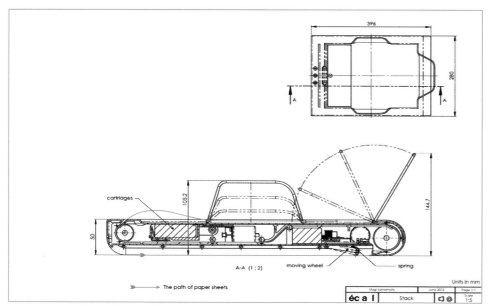

图2-1-10　工程制图

2.1.7 原型测试

　　1∶1设计模型呈现了打印机的尺寸、形态以及纸张的弹出原理。为此，设计师设计了功能齐全的发光按钮和弹射结构（图2-1-11）。

　　当印刷出纸时，纸张将受到最后一个推纸器的快速推力，推动纸张从出口处弹出（图2-1-12），且纸盘最大容量为50张打印纸，可满足日常所需。

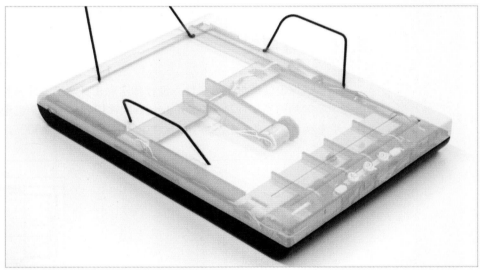

图2-1-11　模型结构

图2-1-12　印刷出纸工作状态

2.1.8 实物制作

最终设计由两个聚丙烯注塑件组成。金属线框的作用是能有效将空白打印纸规范堆积起来，使得该产品更便宜、稳定且耐用。引导打印纸的金属线框可以向内折叠，以尽量减少打印机的体积，便于收纳和运输。打印机下方的滚轮将摩擦力减至最小，是使这一概念可行并发挥作用的关键部分（图2-1-13）。

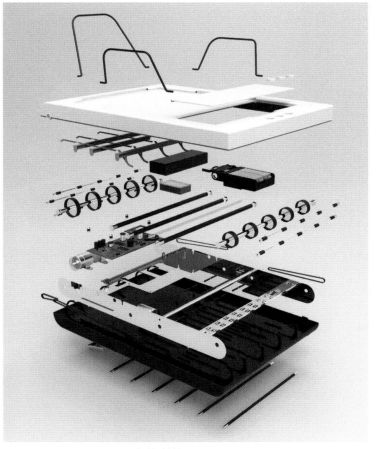

图2-1-13 实物制作

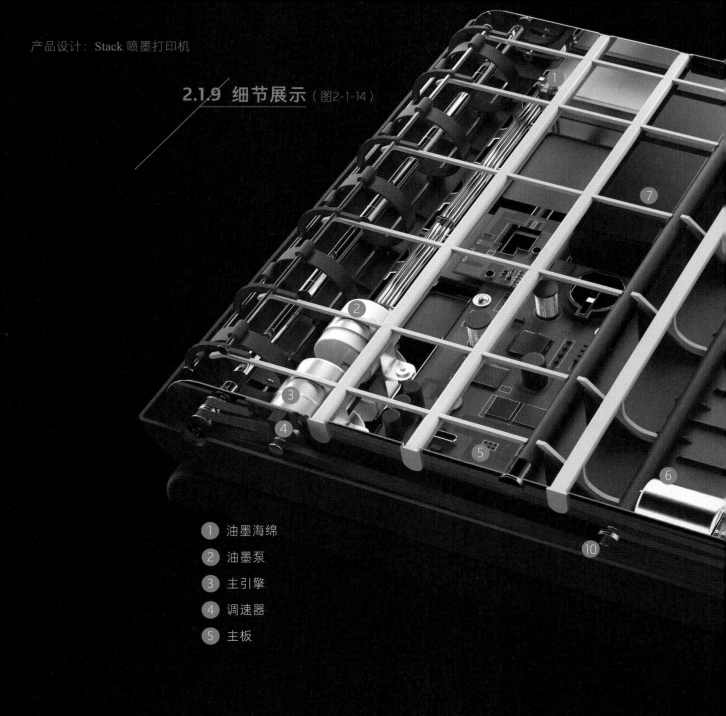

2.1.9 细节展示（图2-1-14）

1 油墨海绵

2 油墨泵

3 主引擎

4 调速器

5 主板

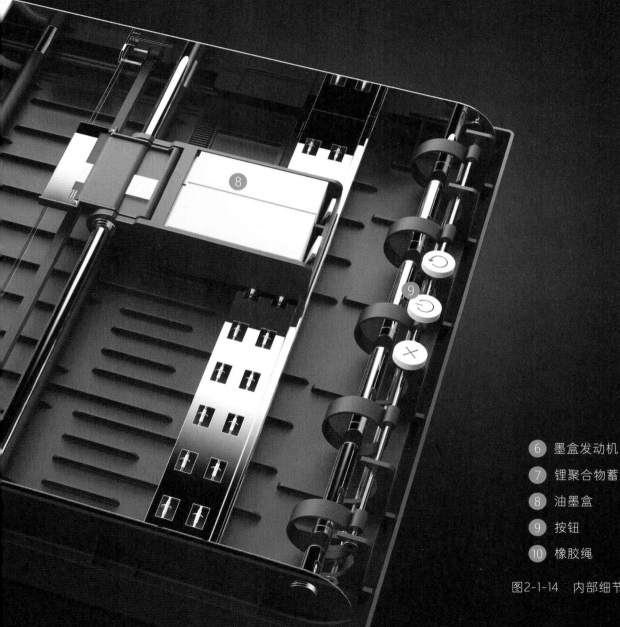

6 墨盒发动机

7 锂聚合物蓄电池

8 油墨盒

9 按钮

10 橡胶绳

图2-1-14　内部细节展示

2.2产品设计

Wan 嵌套座椅

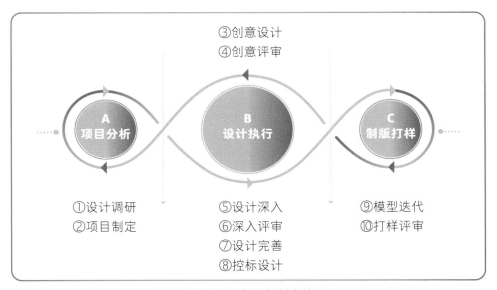

图2-2-1　产品创新方法

2.2.1　方法介绍

产品创新方法可分为三个部分，见图2-2-1。

A项目分析：①设计调研：内部调研客户自身产品门类、品牌形象、消费群、工艺设备、发展策略；②项目制定：门类确定、风格取向、材料限定、工艺限定、价格限定、目标消费群体确定。

B设计执行：③创意设计：确定设计依据，设计概念，分组执行，绘制草图，内部筛选，绘制粗略三维效果图；④创意评审：对初稿进行概念、外观、工艺的可行性评审；⑤设计深入：综合初稿评审意见，修改深化设计、制订尺寸详图、基本工艺结构确定；⑥深入评审：与厂家共同甄选方案并推出最后修正建议；⑦设计完善：完整尺寸详图，三维结构图纸；⑧控标设计：根据企业要求的非标结构件开发，包括其三维结构详图和模具制作图纸。

C制版打样：⑨模型迭代：不断修改模型，并迭代打样；⑩打样评审：双方共同提出修正建议，确立最终方案。

Wan嵌套座椅设计

在过去，嵌套椅子总是有一个非常机械化的外观造型。如今，家庭化办公室风格成为趋势，使得人们需要更简约舒适的嵌套式椅子。嵌套碗的想法提供了一个新的、简易的嵌套椅子原型。

表面肌理在触觉层面上传达了这把椅子使用的优质材料。椅子的纯正外观及其不同的底座选项使其适用于各种公共和私人空间（图2-2-2）。

时间：2020年
设计师：山本麦
该项目是设计师为日本家具品牌伊藤喜（ITOKI）提供的设计方案。

"Wan"被评为2020年度日本优良设计大奖（最好的100个设计）、2021年度德国IF设计奖。

获奖情况

日本优良设计大奖（最好的100个设计）

德国IF设计奖

图2-2-2　效果展示

2.2.2 设计调研

　　通过对市面上相关竞品展开调研，设计师分析发现嵌套座椅通常是由一个嵌套框架组成，框架上有一个翻转座椅和一个视觉上分开的靠背，使得外观造型相对机械化，且同质化现象严重（图2-2-3）。

公司: 国誉
（Kokuyo）
型号: Piega

公司: 奥卡姆拉
（Okamura）
型号: Runa

公司: 瓦西汀
（Via seating）
型号: Reset

公司: 奥菲斯索斯
（Office Source）
型号: Julep

公司: 海沃氏
（Haworth）
型号: X99

公司: 福喜世
（Fursys）
型号: VIM

图2-2-3　各品牌嵌套座椅

2.2.3 创意设计

此阶段设计师提出了"叠碗"的想法（图2-2-4），产生了一个新的、简化的嵌套椅子原型，由此减少了嵌套距离。这种新的家居外观通过应用3D肌理进一步强化，使塑料具有家居面料的外观质地。

图2-2-4 "叠碗"创意

（1）草图绘制（图2-2-5）

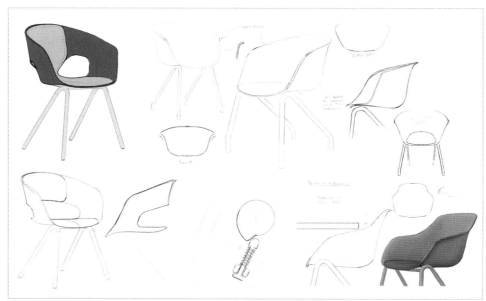

图2-2-5 草图绘制

（2）模型建立（图2-2-6）

图2-2-6　Solidworks模型制作

（3）肌理探索与生成

座椅的外壳灵感源自大自然的肌理，如贝壳、树叶等（图2-2-7）。

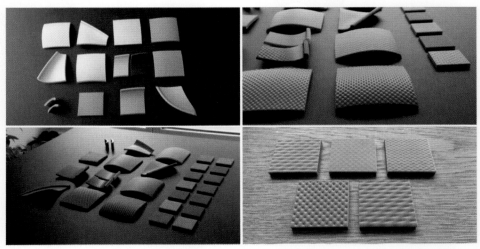

图2-2-7　3D打印肌理样片

2.2.4 参数化设计

对这种纹理进行建模是一项相对复杂的任务，需要使用参数化建模软件，如Solidworks、Rhino、Grasshopper等。由于能够调节变量，设计师尝试了许多不同的图形，并通过多次迭代优化了最终的肌理（图2-2-8）。

在功能方面，该座椅座垫设置为可选形式，用户可以自由选择不同肌理不同颜色的座垫以匹配个人喜好和办公环境。同时，没有嵌套机构的简化版四脚轮可以满足安装更简单、体量更轻巧、功能更实用、价格更友好的客户需求。

图2-2-8　参数化设计过程

2.2.5 模型迭代

对于每一把椅子来说，一个好的设计必须伴随着舒适性的体验。首先，在确认了设计的视觉外观后，设计师铣削了一个1∶1的泡沫模型（图2-2-9），其目的是以低成本的方式，快速且直观地确保该座椅是否拥有良好的人机工程体验。

随后，在保证舒适度的基础上，设计师对座椅外观轮廓进行细化推敲，该步骤主要利用电脑生成技术与3D打印技术结合的方式，生成了多个1∶1大小的座椅外壳（图2-2-10），其目的是为了使座椅外壳适用于不同体型。

图2-2-9　泡沫模型制作

图2-2-10　3D打印模型制作与迭代

2.2.6 作品展示（图2-2-11）

ITC

图2-2-11　作品展示

2.3 产品设计

Lian 校园家具

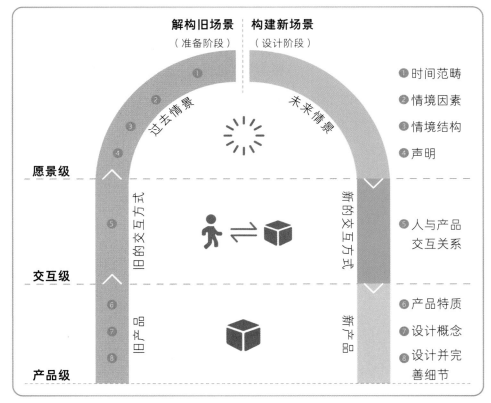

图2-3-1　VIP产品设计法则

2.3.1　方法介绍

　　VIP（Vision in Design）产品设计法则，是由荷兰代尔夫特理工大学保罗·赫克特（Paul　Hekkert）教授提出，该方法强调以情境驱动，以交互为中心，并引导设计师关注产品与用户的关系，鼓励设计师放眼未来，帮助设计师解构和消除先入为主的观念，预测设计会给未来世界带来什么样的影响。它是以人为本的设计方法的延伸，有助于设计师设计出有价值、有意义、有灵魂的产品。

　　VIP产品设计法则共有八个具体执行步骤，可（按序号顺序）参考图2-3-1。

Lian校园家具设计

　　"Lian"是一款适合小班教学的培训椅，创新点为如下三点：①旋转式桌板设计，座面、桌板与椅背形成同心圆的结构，如水面涟漪般变换形态；②多样化布局方式，座椅可轻松移动，产生多元的组合方式；③中国传统文化的意境之美，由古诗词中提取"涟漪"意象，营造教室空间简约亲和、动静相宜之美（图2-3-2）。

时间：2021年
设计师：连梦菲
该项目是产品服务与积极体验设计工作室为浙江惠美集团提供的设计方案。

"Lian"被评为2021年度意大利A'设计奖、2021年欧洲产品设计奖。

获奖情况

A'DESIGN AWARD
& COMPETITION

意大利A'设计奖

EUROPEAN
PRODUCT
DESIGN
AWARD
2021

欧洲产品设计奖

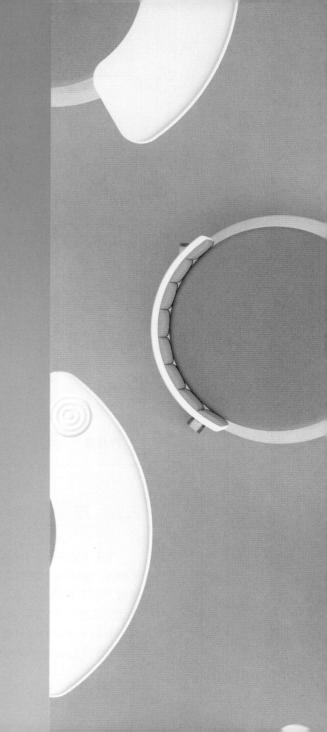

图2-3-2　效果展示

2.3.2 设计调研

（1）项目背景

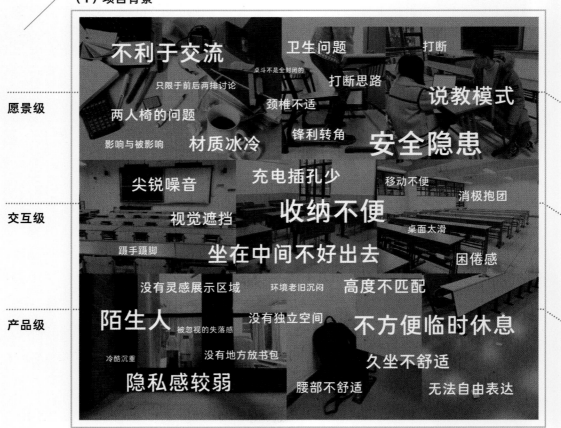

图2-3-3　调研分析

　　该项目的目标对象为高校大学生，使用场景为容纳20人左右的教室或学习空间。调研以东华大学为调研场地，包括各专业教室、自习室等。受访人员共16人，其中研究生和本科生各8名，男女比例、文理科占比均为50%。调研收集的痛点见图2-3-3。

（2）用户调研

　　通过对访谈记录的结果整理和聚类分析，设计师从16位学生提供的一手调研资料中，发现了功能、情感、视觉三方面共11个需求点（图2-3-4）。

图2-3-4　用户访谈

2.3.3 设计灵感

（1）灵感来源

　　"水本无华，相荡乃成涟漪。思想碰撞，激荡智慧波澜。青春朝气，汇聚融合未来"。设计师尝试从"涟漪"二字所传递的故事语义和视觉形态出发，营造全新的使用情景与感受，使用户心中泛起涟漪，久久不能平静（图2-3-5）。

图2-3-5　灵感来源

（2）草图绘制

　　将桌板设计成旋转式，并与椅背巧妙结合，使座椅的形态多变。在俯视图下，座椅如水面涟漪般变幻，适合多种使用情境。见图2-3-6。

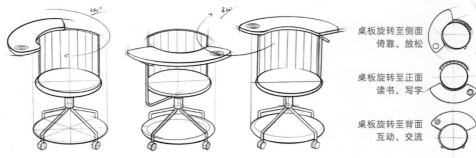

桌板旋转至侧面
倚靠、放松

桌板旋转至正面
读书、写字

桌板旋转至背面
互动、交流

图2-3-6　草图绘制

图2-3-7　效果展示

2.3.5 使用情境

　　万向轮轻松移动，使得该产品可产生多元布局，营造创意自由的学习氛围，见图 2-3-8。

图2-3-8　使用情境

2.3.6 结构设计（图2-3-9）

1 桌板上部	5 织物座面	9 背包收纳盘	13 靠背PVC板
2 桌板下部	6 座面支撑件	10 底盘连接件*4	14 靠背固定零件
3 桌板固定零件	7 座椅连接件	11 万向轮*4	15 座面固定零件
4 桌板连接杆	8 椅腿（焊接）	12 靠背织物	

图2-3-9　结构设计

2.3.7 样品展示

工程师基于工程设计文件，对该座椅进行样品模型制作，并进一步从人机舒适性、材料、工艺、结构细节等诸多方面对样板模型进行评估（图2-3-10）。

桌板加强筋结构

图2-3-10　样品模型

2.3.8 交互方式（图2-3-11）

图2-3-11　交互方式

2.4 服务设计

田园东方田野农场

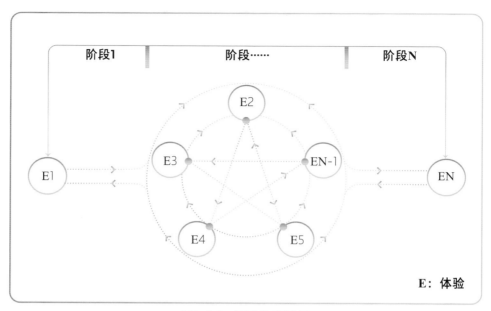

图2-4-1 顾客旅程地图

2.4.1 方法介绍

　　顾客旅程地图是研究服务系统中顾客整体旅程体验的关键工具，能够使服务提供者的研究视角从关注个体体验延伸到整体旅程体验，降低顾客在旅程中的体验波动，以提升服务系统体验的流畅性。顾客旅程地图可定义为能够可视化地说明顾客旅程、需求与情感的图表。从定义、用途和基本构成元素方面，用户体验地图与顾客旅程地图的区别在于后者是基于用户体验对顾客整体旅程的可视化地图，以期顾客能有流畅的体验旅程。

　　如图2-4-1所示，不同顾客旅程体验的流程具有较大差异性，例如顾客在E2至EN-1阶段，其体验流程有较大随机性。顾客旅程地图是对顾客所经历的整体行为流程以及具体体验进行可视化分析，帮助服务提供者在此基础上对服务流程进行优化。只有将顾客旅程中的用户体验与体验之间的流程进行整体分析，并将流程优化，才能提供流畅的顾客旅程服务。

田园东方田野农场设计

　　实现新型城镇化发展，你关注"人"了吗？如何以文旅产业带动城乡融合的新型城镇化发展？有企业选择主题公园，也有企业选择田野农场。主题公园利用大量现代化的动力设施，吸引用户；田野农场则利用非动力设施，引导人群进入乡村、融入自然。相较之下，田野农场更关注现代城市人群缺少自然滋养的现状，但因其非主流的游乐形式，很难吸引用户。服务设计恰好解决"人"的问题，从而在田野农场与乡村振兴之间建立紧密的联系。本项案例示范了如何运用"寓教于乐"的方法吸引人群，实现项目成功，也为中国其他地区实现乡村振兴提供参考范例。

时间：2019年
案例作者：桥中、田园东方、田野乐园

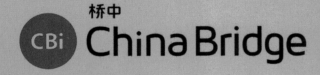

2.4.2 背景挑战

如何实现乡村振兴？"人"是决定乡村发展的根本因素。什么产业能为乡村发展输送人才？田园东方认为文旅产业能有效实现城乡人民互动，即城市人群到乡村体验生活，乡村居民参与共创，提供服务，促进城乡融合。

2012年，田园东方开始田园综合体模式的理论构建和项目实践，其以文旅产业作为抓手，促进"农业+文旅+社区"的协同发展。在休闲旅游产业中，田园东方的田野农场是其中的启动引擎（田野农场：一种以非动力设施为核心的自然体验游乐业态）。从整个主题游乐领域看，田野农场可能被认为是非主流，因为它没有主题公园应有的各类大型动力设备，但随着城市里的孩子们对大自然的缺失越来越严重，田野农场这类非动力设施乐园正逐渐成为游乐领域的主流发展趋势之一。那么，如何吸引用户人群积极参与这种游乐业态中，成为设计师们共同面临的挑战。

2.4.3 洞察发现

为了准确定位目标客户，田园东方通过"周边竞品案例分析+实地考察"的方式，深入了解无锡、苏州、常州的自然亲子游乐行业。

一方面借助文旅研究分析平台，了解文旅行业的发展情况，包括当地行业发展趋势、市场消费规模、消费水平、消费偏好等；一方面借助大众点评、携程、去哪儿等OTA（Online Travel Agency，意为在线旅游）平台，寻找自然亲子游乐业态的热门项目，并进一步借助网络，了解其空间分布、项目规模、产品概况、客群体验反馈等。

通过上述前置工作，田园东方将项目目标客群定位为无锡、苏州、常州、上海的3~12岁亲子家庭，并展开访谈工作：单组家庭，进行一对一的焦点访谈；多组家庭，按照年龄和孩子的性别分组讨论，以便收获目标客群对产品的直接反馈和建议。在此基础上，进行优化服务的策划设计。

2.4.4 焦点访谈（表2-4-1）

表2-4-1 访谈用户信息

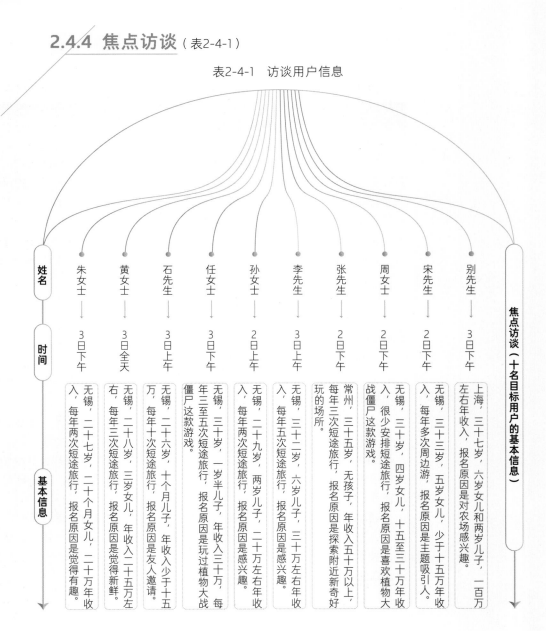

姓名

| 朱女士 | 黄女士 | 石先生 | 任女士 | 孙女士 | 李先生 | 张先生 | 周女士 | 宋先生 | 别先生 |

时间

| 3日下午 | 3日全天 | 3日上午 | 3日下午 | 2日上午 | 3日上午 | 2日下午 | 2日下午 | 2日下午 | 3日下午 |

基本信息

- 朱女士：无锡，二十七岁，二十个月女儿，二十万年收入，每年两次短途旅行，报名原因是觉得有趣。
- 黄女士：无锡，二十八岁，三岁女儿，年收入二十五万左右，每年三次短途旅行，报名原因是觉得新鲜。
- 石先生：无锡，二十六岁，十个月儿子，年收入少于十五万，每年十次短途旅行，报名原因是友人邀请。
- 任女士：无锡，三十岁，一岁半儿子，年收入三十万，每年三至五次短途旅行，报名原因是玩过植物大战僵尸这款游戏。
- 孙女士：无锡，二十九岁，两岁儿子，二十万左右年收入，每年两次短途旅行，报名原因是感兴趣。
- 李先生：无锡，三十二岁，六岁儿子，三十万左右年收入，每年五次短途旅行，报名原因是感兴趣。
- 张先生：常州，三十五岁，无孩子，年收入五十万以上，每年三日短途旅行，报名原因是探索附近新奇好玩的场所。
- 周女士：无锡，三十岁，四岁女儿，十五至三十万年收入，很少安排短途旅行，报名原因是喜欢植物大战僵尸这款游戏。
- 宋先生：无锡，三十三岁，五岁女儿，少于十五万年收入，每年多次周边游，报名原因是主题吸引人。
- 别先生：上海，三十七岁，六岁女儿和两岁儿子，一百万左右年收入，报名原因是对农场感兴趣。

焦点访谈（十名目标用户的基本信息）

2.4.5 随机访谈

此外，研究团队还在上海街头随机访问了几组亲子家庭（见图2-4-2）。

图2-4-2　街头访谈实拍

访谈的主要内容围绕客户的经历分享、方案反馈、建议补充展开，具体为：
①出游频次；
②出游的财务计划；
③去过的乐园及最喜欢的乐园；
④每次出游时间、距离；
⑤过往出游的体验感受；
⑥介绍项目背景及初步方案，访谈者反馈感受及建议等。

2.4.6 用户画像

根据目标用户定位和访谈中得到的数据，田园东方做了目标用户画像，把目标用户聚焦为无锡或常州3～12岁的亲子家庭，这部分客群占市场主流周边休闲游客群的70%～80%。田园东方按照一家四口：爸爸妈妈35～40岁，儿子5岁，女儿8岁作为目标用户画像，既符合当前政策下典型家庭，还同时涵盖男孩和女孩的差异喜好（图2-4-3）。

一家四口出游　　35～40岁年轻父母

女儿8岁、活泼、　儿子5岁、内向、
喜欢冒险　　　　想象力丰富

图2-4-3　用户画像

2.4.7 痛点与爽点

通过访谈收集客户反馈的痛点和爽点，并做系统分类，其中最多的痛点反馈是孩子在游玩时的安全问题，同时希望爸爸周末休息时可以一起参与出游，增加亲子陪伴时间。而在爽点问题上，很多被访人表示希望除了游玩还能学到一些知识以及家长有放松休息的地方。针对以上反馈，在服务策划时，有针对性地做了如下工作：

设备材质选择与农场气质相符的实木、绳网材质；儿童游玩设备区地面铺设木皮或细沙，除道路外其他地面均为草皮，避免儿童跌倒磕碰。功能分区设计清晰，父母可清楚地看到孩子位置。另外，从硬件景观、设备设计及软件课程活动设计上增加亲子互动环节。例如做设备设计时，设备的空间高度、结构荷载按照成年人共同参与的需求考虑，而活动设计上则更多的是亲子互动活动与认知学习，如亲子运动会、疯狂科学家、水枪大战、植物采摘认知等。

2.4.8 服务设计

（1）项目整体定位

植物大战僵尸农场是集"田野农场体验+非动力游乐+IP沉浸体验+自然教育"于一体的新型农场，是田园东方农业板块的新落地实践项目（图2-4-4）。

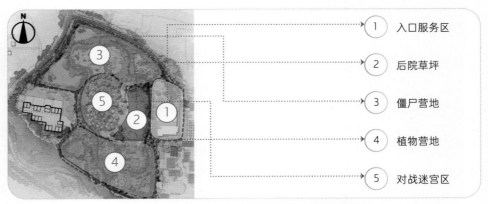

① 入口服务区
② 后院草坪
③ 僵尸营地
④ 植物营地
⑤ 对战迷宫区

图2-4-4　植物大战僵尸农场的分区示意图

（2）顾客旅程地图设计

　　针对目标客群进行细分，给出具有代表性的客户画像。基于不同类型的客户画像，借助顾客旅程地图，梳理游乐体验动线（图2-4-5）。从而进一步优化和提升园区整体动线、各节点产品设计、运营服务配置、员工服务行为等。

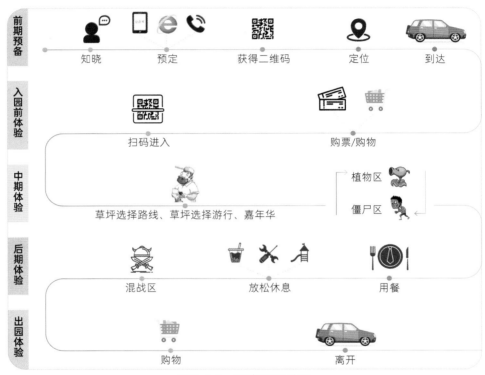

图2-4-5　顾客旅程地图

（3）服务设计实践

　　通过顾客旅程地图梳理产品游乐体验动线，田园东方按照客户入园前、游园中、离园后的顺序，从客户的触点、行为、情感入手，进行服务设计。图2-4-6是植物大战僵尸农场不同主题的任务通关卡，每个进入农场的游客都会领到任务卡，过检票闸机后会看到阵营选择设备："加入僵尸战队还是植物战队？"

通过此互动设备，游客可选择不同的阵营游玩，阵营不同游玩路线和互动环节也会略有不同。任务卡的设计有目的性地带动游客按照路线游玩（图2-4-6），保证游客可以进入每个功能区，并做长时间的停留，间接增加农场的二次销售频次。最后完成通关的游客还会得到礼品反馈，既有在农场游玩的愉快经历，又可得到带有IP属性的礼品，延长游客和农场的关联时间（图2-4-7）。

图2-4-6　任务卡　　　　　　　　　　图2-4-7　体验现场

2.4.9　活动设计与场景呈现

植物大战僵尸农场每个小分区都按照游戏内容设计各自的场景和游玩体验。例如"投手训练营"复原游戏里经典的草坪对战，按照难易程度设计两组设备，一组为投手训练，一组为对战终极BOSS僵尸博士，使游客容易产生带入感。

植物阵营的禅境花园会根据农作物的农耕时间不断调整种植种类，除日常的农业景观观赏，游戏里的经典植物会按照故事线的设计被重点介绍，如豌豆、倭瓜、向日葵等，既介绍游戏里这些植物的对战功能，还介绍植物在生活中的农业常识，使长期生活在城市里的大人和孩子们可以有近距离接触和认识农作物的机会，并将自己采摘的蔬菜带回家，做成健康的营养餐。除了采摘，还设计了播种、定期观察、照顾等活动，让游客既有一个完整的农田劳作体验，又与农场增加连接、互动。对游客而言，这是带有温度的美好回忆（图2-4-8）。

图2-4-8　主题农场内的景观

2.4.10 客户反馈

　　田园东方的运营团队每天访谈来农场游玩的游客，收集游客的需求和意见，不断提升和改进农场的各项内容，使农场一直保有旺盛的生命力和活力。访谈内容涉及：入园前的交通、入园时的体验、游玩过程体验、对二销产品的建议、运营团队服务的满意度、农场活动的丰富度及农场景观、设备的满意度等。下图2-4-9至图2-4-11是截取2019年10月份的运营月度分析情况。

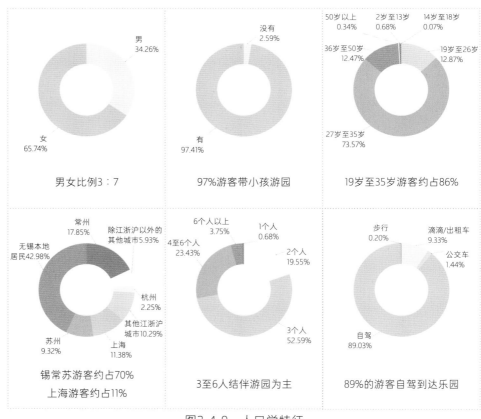

男女比例3∶7

97%游客带小孩游园

19岁至35岁游客约占86%

锡常苏游客约占70%
上海游客约占11%

3至6人结伴游园为主

89%的游客自驾到达乐园

图2-4-9　人口学特征

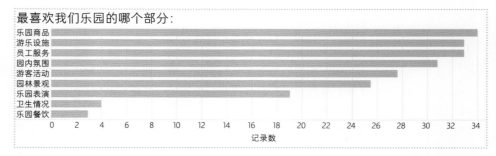

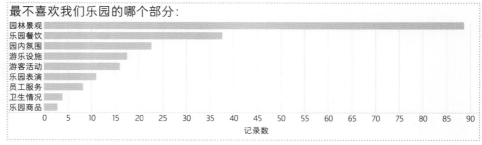

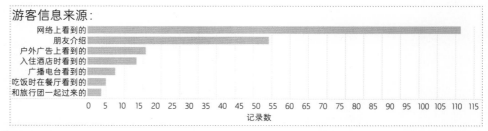

图2-4-10　景点喜好

图2-4-11　游客反馈

　　针对反馈进行迭代改进。每个月通过总结客户的各项信息反馈，田园东方将及时调整和提升农场的设施、服务、活动及二销产品。

　　如很多游客反映喷喷菇区域的喷雾设备没有趣味性，为了增加这个区域的游客停留时间，田园东方在此区域增设障碍迷宫夺宝猜谜活动，并放入农场的通关任务卡内，作为其中的一个关卡。

　　再如游客反映园内餐饮品类单一，田园东方继而研发IP主题的各种套餐、甜品、特色饮品和应季小吃，满足不同客户的需求（图2-4-12）。

图2-4-12　园内特色餐饮

2.4.11 价值创造

从实际运营数据来看：植物大战僵尸农场开园以来每月入园人数平均在4万人左右，月营业额150万元。对各利益相关者价值体现如下：

（1）对消费者

为无锡长三角洲区域市场，带来高品质、创新型的自然游乐体验地。

（2）对行业

无锡植物大战僵尸农场荣获2018年江苏省创意农园。

（3）对合作方

与合作方携手让线上知名IP成功走到线下，为IP粉丝提供线下的实体互动体验，同时对合作方也起到持续提升IP热度及影响力的重要作用。

2.4.12 结论

作为田园东方田野农场1.0版本的代表项目，无锡植物大战僵尸农场为落地田野农场理想产品模型、不断推进产品迭代更新提供实践支撑；同时也因其良好的产品呈现和市场反馈，为企业吸引来更多优质的合作资源。

2.4.13 案例者说

通过前期的服务设计流程为项目精准锁定目标客群（3~12岁的亲子家庭）和整体定位，并根据大量客户访谈反馈的痛点和爽点有针对性地设计了产品内容和活动体系，使得项目在设计前期有准确的信息数据做支撑，为农场开园后的运营提供了良好的基础。并且在植物大战僵尸农场开园后依然延续了服务设计的访谈流程，不断收集客户的真实反馈意见，为农场后续提升、迭代做足了准备工作和数据支持。

2.4.14 场景展示（图2-4-13）

图2-4-13 国内场景3

2.5服务设计

华润置地物业管理

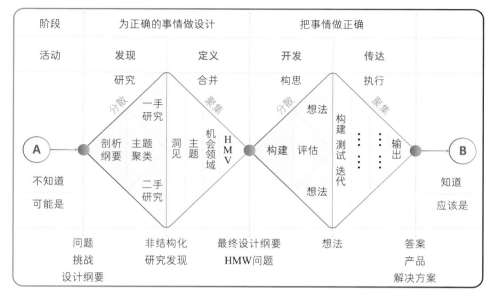

图2-5-1 双钻模型

2.5.1 方法介绍

双钻模型是一种结构化的设计方法,共有四个阶段(图2-5-1)。

发现: 双钻模型的第一阶段表示项目开始,即指对于问题的洞见与发散的过程。设计师可尝试用一种全新的方式来发现用户周边的生活,观察身边细节,并收集问题。

定义: 第二阶段是设计定义,即指关注的领域和聚焦范围。设计师试图理解并定义在第一阶段中所发现的所有问题,并整理出最重要的是什么、应该先做什么、什么最可行,其目标是制定一个清晰的创意思路框架图。

开发: 第三阶段是设计开发,即指发散潜在的解决方案。该阶段中初步解决方案或概念被创建,原型被制作、测试。这个过程帮助设计人员改进和完善自己的设计想法。

传达: 最后一个阶段是设计产出,即强调聚焦于行之有效的解决方案。其产生的项目(如产品、服务)已完成生产,并推向市场。

华润置地物业管理设计

　　在竞争愈加激烈的商业时代，写字楼如何提高软性竞争力？服务需要被关注。通常，应有而未有的服务导致用户满意度下降，未有而又有的惊喜服务提升用户满意度。本项案例将展示——提升服务质量需要从全链路出发，跨部门合作。割裂的部门各司其职无法给用户提供完整且舒适的服务体验，服务设计正是打通其中"关节"，是写字楼物业管理"脱胎换骨"的关键。

时间：2021年
案例作者：桥中、华润置地

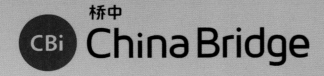

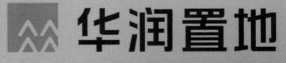

2.5.2 背景挑战

对比住宅的服务精细化，写字楼服务体系一直是被开发商遗忘的角落：

①在写字楼硬件配置趋同的时代，如何靠品牌化服务运营取胜？

②写字楼的服务种类多种多样，如何提炼用户需求，洞察用户痛点，梳理服务蓝图，最终制定标准化手册？

③智能化时代，如何紧跟潮流，在空间基础之上，融入智能技术，从而打造全新写字楼服务体系？

面对各地项目与团队的快速扩张，华润置地亟需建立一套可复制的写字楼运营服务流程标准化体系和培训体系，实现服务和运营管理在不同项目中的高效复制，在达到体现品牌特色的同时，又降低人力成本。

写字楼服务需要满足租户的需求，服务需要为需求而服务。空间作为服务的载体，需要为服务而服务。

因此项目以整体的写字楼服务体验设计为主线，以写字楼租户体验旅程场景与触点分析为出发点，综合考虑品牌、人、空间、服务、活动、产品，发展设计战略和设计概念，最后搭建实现其服务支持体系的框架。

2.5.3 洞察发现

洞察一：在写字楼硬件逐渐趋同的时代，物业公司的服务标准已然落后。

通常，物业公司遵循过往经验的实操落地标准。但随着写字楼从流量时代步入存量时代，写字楼的硬件设置愈加趋同，依据经验而产生的服务标准，受到越来越多用户的不满，这套规范标准已无法满足租户的需求。

因此，写字楼管理部门希望写字楼提供的服务，不仅满足租户对写字楼的基本需求，更能通过提供增值服务创造附加值，打造不一样的写字楼体验，让租户在不同的写字楼使用过程中，感受到华润置地品牌的价值。

洞察二：写字楼服务种类多样，租户的痛点纷繁复杂。

租户的需求是分类型分层次的，需要考虑不同方面。根据租户需求类型，写字楼服务应该分优先级投入资源。基础型需求：即便满足也被认为理所应当，但不满足则降低满意度。期望型需求：满足得越好满意度越高，将向基础型转化。兴奋型需求：租户本身没有期待，因此得到时会有意外惊喜。

洞察三：仅依靠线下的投诉与建议机制，无法让租户及时追踪进度。

当租户对写字楼服务不满意或有什么建议时，反馈与建议机制无法让租户及时追踪进度，仅靠线下的人员互动，无法保证处理问题的及时有效性。因此，需要借助智能化手段，引入线上投诉与反馈机制，让问题处理链更加透明公开。

由以上三点洞察，设计团队绘制了服务支持体系框架（图2-5-2）。

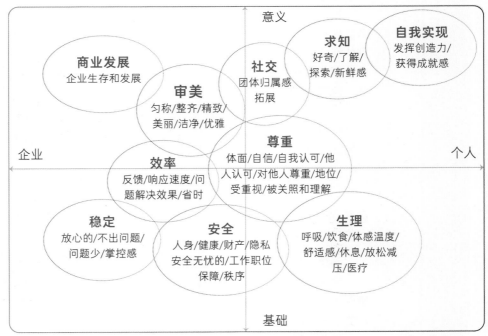

图2-5-2　服务支持体系框架

2.5.4　服务设计

以上海万象城写字楼为试点，团队遵循双钻模型设计流程，即"发现—定义—

开发—传达"的方式操作此项目，以便客户团队在全程紧密沟通中，了解实际开展的各个活动在整体流程中对应的位置和意义（图2-5-3）。

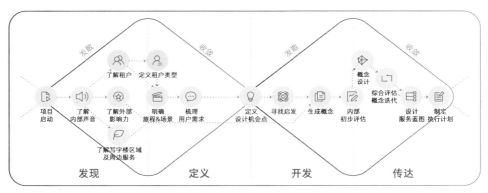

图2-5-3　双钻模型设计流程

在项目执行层面，研究团队先是从不同角度收集信息，逐步形成判断。具体内容包括项目启动、了解内部声音、了解外部影响、了解周边环境以及了解租户五个部分（图2-5-4）。

图2-5-4　执行内容路径

前期调研具体研究路径分为以下四点：

①访谈10名客户内部的利益相关者，确定项目的聚焦，划分实现最终目标的短、中、长期路径；

②开展桌面研究，从宏观角度了解主题相关趋势，并记录归入未来可能用到的资源库；

③实地走访，了解项目本身及周边区域环境、配套服务的特征，作为后续具体设计服务项目时的输入；

④深访来自不同类型企业的22名租户，结合实地观察，了解他们的日常工作、生活方式，制作"消费者原话+场景图片"的场景卡片。

研究团队分析、归纳前期研究的大量信息，梳理形成用于指导下一步的方向性观点，并赋予其易于沟通传达的表现形式。主要内容包括定义租户类型、明确旅程和场景、梳理租户需求三部分（图2-5-5）。

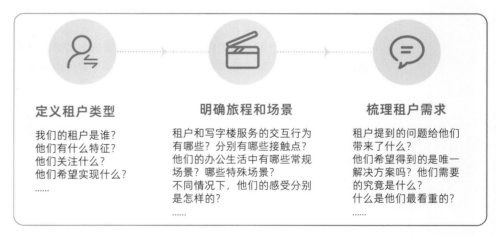

定义租户类型

我们的租户是谁？
他们有什么特征？
他们关注什么？
他们希望实现什么？
……

明确旅程和场景

租户和写字楼服务的交互行为有哪些？分别有哪些接触点？
他们的办公生活中有哪些常规场景？哪些特殊场景？
不同情况下，他们的感受分别是怎样的？
……

梳理租户需求

租户提到的问题给他们带来了什么？
他们希望得到的是唯一解决方案吗？他们需要的究竟是什么？
什么是他们最看重的？
……

图2-5-5　调研内容输出

至此，产生出用来进行跨部门沟通以及让各方达成关于租户需求共识的工具，为客户提供崭新的梳理写字楼服务内容的方式，并就下一步工作聚焦方向达成共识。

随后，研究团队根据前期定义的方向产出解决方案概念。具体内容包括定义设计机会点、寻找启发、产出概念、内部初步评估四个部分（图2-5-6）。

图2-5-6　提出概念方案流程

　　主要活动是一场由客户内部不同职能组和物业相关方参与的共创工作坊（含前期策划、筹备、桌面研究），以及后续分主题的小组工作坊（图2-5-7）。

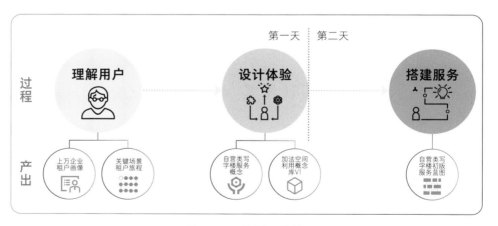

图2-5-7　共创工作坊

　　通过共创工作坊，产出了一系列成果，包括：①五类企业租户画像；②租户旅程和场景；③租户体验设计概念与对应的服务体系，对应不同级别写字楼和八大不同类型写字楼零散空间，包含36个空间利用方式在内的写字楼零散空间利用概念库；④基于优先级与实际情况的、具体的短—中—长期服务落实推进计划表。

最后，研究团队将共创得到的方案概念进行三组焦点小组测试，获取来自租户的反馈和建议；而后根据租户意见，迭代概念；最终组织客户专项小组为待推进的服务方案搭建后台体系。具体内容可分为四个步骤（图2-5-8）。

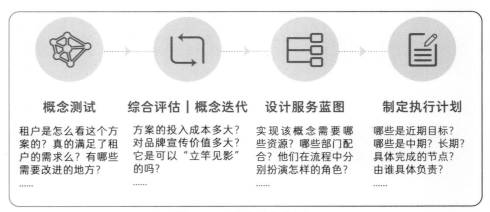

图2-5-8　搭建后台体系

2.5.5　设计结果

通过梳理用户的办公—生活旅程，细化分析各场景下用户与写字楼服务的交互触点，包括人员、空间、产品、数字、设计，并优化迭代写字楼服务概念，帮助华润置地从空间、服务及智能化三方面，搭建了从写字楼单体到商务生态综合体的升级框架，助力华润置地写字楼运营服务体系润商务（Officeeasy）的品牌差异化逐步建立。

例如在关键场景中的"投诉与建议"环节，研究发现租户痛点在于未形成反馈闭环，租户难以追踪进度。

通过建立线上与线下双通道反馈机制（图2-5-9），让问题处理链透明公开，租户可以轻松掌握进程，追踪到人，较大提升租户体验和团队工作效率。

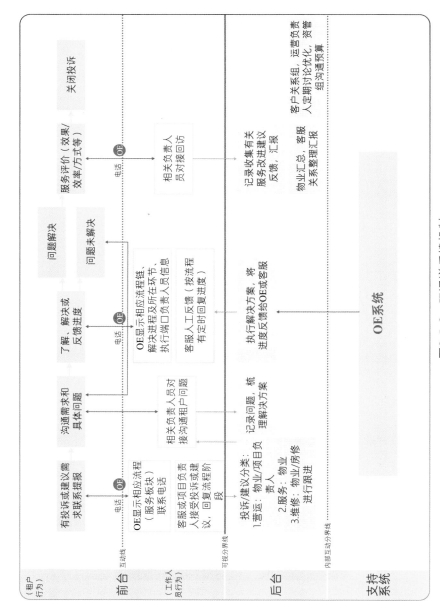

图2-5-9 双通道反馈机制

2.5.6 工具包设计

本项目最终产出一套华润置地写字楼服务设计工具包（图2-5-10），具体包括如下四个模块内容：

①写字楼服务设计与加法空间策划指南，包括了思考方法、流程指引、操作建议、工具解读、应用案例；帮助各项目牵头人在实践中系统地了解，以及引导其他成员参与。

②写字楼服务设计快速入门手册，包括了主要思想和原则、工具简介；帮助参与过程的其他成员快速把握方法论的主要内涵，在较短时间内学习和应用于写字楼的服务设计中，并传播一致性的品牌服务理念。

③写字楼零散空间策划概念库，汇集了案例研究和团队共创所得30多个空间（服务）概念；提供思考方法和样式模板，供客户团队内部后续参考和持续扩充积累，构建写字楼零散空间服务概念数据库。

④工具模板，集中了项目过程中涉及到的各类工具模板；供客户团队成员直接使用，也可根据实际项目和迭代情况修改使用，这极大提升了项目团队进行服务设计工作的便捷性与有效性，保持了品牌服务的一致性。

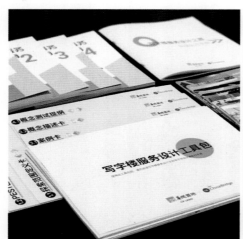

图2-5-10　写字楼服务设计工具包

2.5.7　价值创造

项目为华润置地华东大区写字楼管理部带来一套全新的全局观的思考方式，并在直面租户的第一线物业公司团队中播下以租户视角出发设计服务的种子。

通过项目过程的沟通和参与，客户团队核心成员了解服务设计思维和工作方法，可在未来工作中更好地了解租户需求，发现和定义问题，牵头跨部门跨单位协作共创，更有效地解决问题，从而自行完成后续写字楼服务的系统提升。

2.5.8　结论

服务设计赋能华润置地的写字楼项目，设计团队以上海万象城写字楼服务体验设计为主线，用服务设计作方法论输出，将服务与空间进行匹配，搭建直观的前中后台体系，量身设计工具包在多个项目中使用，促进跨项目团队同频与协作，由表及里的推动大型企业内部组织变革。服务设计正在深度影响和变革各行各业。商业地产行业正在打造"Space as Service"的服务品牌，从点到面系统地构建用户体验，把多个服务创新概念浓缩在加法空间中；而对于华润置地来说，"润商务"的品牌理念，也正是在此品牌理念基础之上的迭代与创新。

2.5.9　案例者说

这是一个从"双钻模型"来看完整度很高的项目，从前期探索、定义方向、共创设计到之后的服务概念测试、迭代，再到服务蓝图设计，甚至安排执行计划项目团队的每个成员都为该项目中丰富充实的内容和意义感到欣喜。华润置地写字楼管理部是一个年轻、开放、充满活力的团队，他们很乐于并且善于吸纳新的思考方式、新的工具方法。同时我们也看到，要在一个大型企业中推进一种新的工作和协同方式，尤其在不同部门甚至不同单位中推进，本身是一项系统"工程"，具有一定挑战性。它需要专门人员甚至团队去持续地撬动和发起，而最终成为一种需要时能即刻唤醒，即刻使用的工具包。

2.6 体验设计

M-Genius 数学应用程序

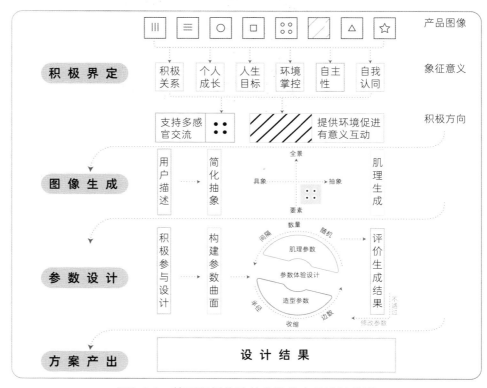

图2-6-1　基于积极体验的参数化产品设计模型

2.6.1　方法介绍

　　基于积极体验的参数化产品设计模型具体包括以下四点（图2-6-1）。①积极界定：用户描述对自己影响深刻的"产品图像"，并归纳出具体的"象征意义"，进而明确"积极设计方向"；②图像生成：通过访谈形式将参与者带入特定的情感，引导其描述某产品图像背后的故事、经历和价值观等，并总结、简化、提炼成符合其喜好的可视化形态；③参数设计：结合相关软件，快速构建复杂模型，用户可依据喜好参与建模和纹理参数调整；④方案产出：将最终方案效果呈现给目标用户，并评估测试以验证方案可行性与有效性。

M-Genius数学应用程序设计

　　"M-Genius"是一款面向青年学生的可视化数学函数应用程序。该小程序采用参数化设计，将数学公式结果可视化，并生成可打印的3D视觉图形（图2-6-2）。通过调整数学参数，学生更容易理解数学函数。本设计提供一种游戏化方式来提升学生学习数学的兴趣。

时间：2021年
设计师：高天
该项目是其在产品服务与积极体验设计工作室的毕业设计作品。

"M-Genius"被评为2021年度欧洲产品设计奖、意大利A′设计金奖、美国芝加哥优良设计奖、韩国K设计奖。

获奖情况

意大利A′
设计金奖

美国芝加哥优良设计奖

EUROPEAN
PRODUCT
DESIGN
AWARD
2021 WINNER

欧洲产品设计奖

韩国K设计奖

图2-6-2 效果展示

2.6.2 项目背景

　　经济合作与发展组织（OECD）于2018年PISA（国际学生评估项目）测试结果显示（图2-6-3），全球大部分的地区的孩子都或多或少被难懂的数学问题所困扰。我国教育部组织北京、上海、江苏、浙江（以下简称"B-S-J-Z"）四省市作为整体参与评估。

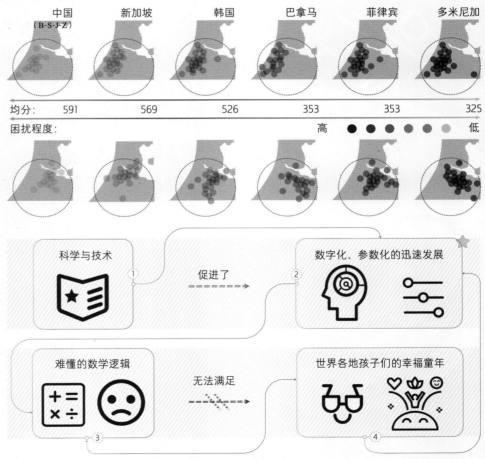

图2-6-3　数据调研

2.6.3 积极界定

　　设计师联系了一家教育机构，并前往开展设计实践。经过破冰话题推进后，得知学生希望可以培养对数学学习的兴趣，但遭遇不能有效理解数学知识的问题，在函数方面尤其突出。访谈的意义在于挖掘产品背后潜藏的内在需求。因此，设计师通过"转移用户注意力"设计方向，引导用户描述数学函数图像背后的故事以及烦恼时刻，比如对函数的理解、数学的学习方式以及对未来的期望等（图2-6-4）。

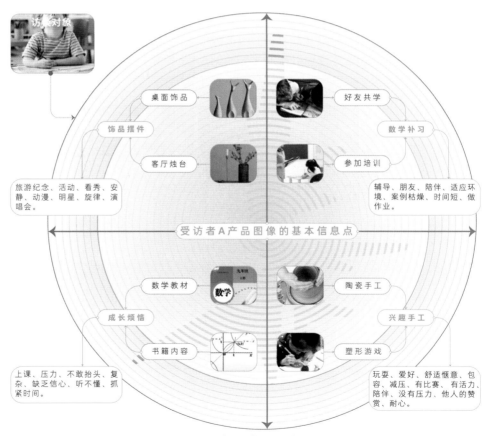

图2-6-4　积极界定（用户调研）

　　首先，通过产品图像归类，以及参与者简要阐述的有关产品图像的基本信息点，可以归纳总结：①成长烦恼、数学补习部分，参与者主要围绕数学学习相关事件；②饰品摆件、兴趣手工部分，主要体现了参与者的兴趣爱好为摆件与手工。

　　其次，因参与对象A期望养成对数学的学习兴趣，尤其是对函数公式与图像之间的理解，抓住参与者A对数学的困惑与喜欢摆件饰品的特征，可将参与者A提供物件及图像归类至"自主性"象征意义。"自主性"象征意义表达对此类产品图像在思想上和行动上实现自由掌控以及更进一步。

　　最后，设计师通过进一步问询其的重要时刻，界定了积极设计的方向为转移用户注意力（图2-6-5）。设计方向"转移用户注意力"试图通过设计干预，将用户的注意力从消极转移至积极。根据此设计方向，通过提取用户的爱好、特征或品质移情至产品或服务中，以消除陌生与不适感，从而提升积极情感，为图像生成阶段提供故事挖掘引导，以及为设计人员搜集获取更多有效信息提供支持。

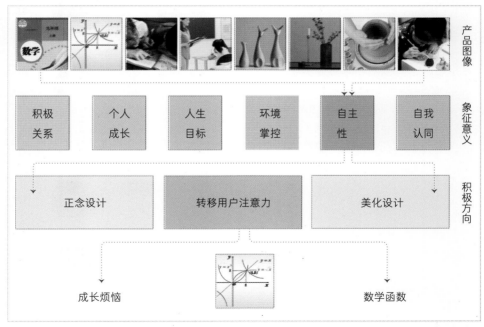

图2-6-5　积极界定流程图

步骤五：产出设计成果

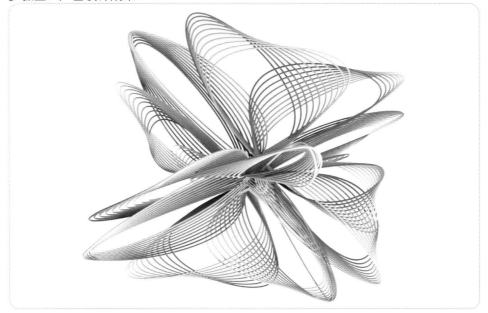

图2-6-7　生成路径

　　生成过程如图2-6-8所示，访谈对象选择自己填写函数公式卡片 $\sin(2x+3)$、$\cos4x$、$y\sin(nx)$、$\cos(nx)$ 共四份，由系统转化函数点组，生成函数曲线后，访谈对象选择了三种曲线互相编织扭转，最终产出四种设计成果。

| $\sin(2x+3)$ | $\cos4x$ | $y\sin(nx)$ | $\cos(nx)$ |

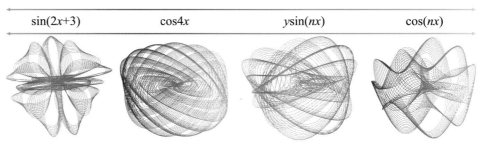

图2-6-8　生成过程

2.6.6 方案产出

本节研究为了快速高效的开展，设计师首先构建了一套简易的交互系统模型机（图 2-6-9），系统模型机界面从上至下分别为作品展示、公式填写、参数调解、色彩调解，单一界面的形式方便用户快速识别功能，进行交互实践，产出设计成果。为了提供良好的用户体验，设计师优化了系统界面（图2-6-10）。主要界面包括公式、参数、信息和侧边栏四部分（图2-6-11）。

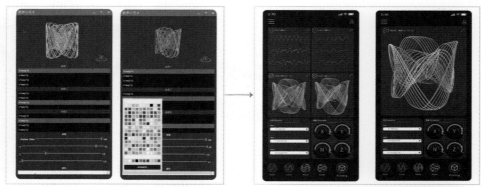

图 2-6-9　简易交互系统　　　　　　　　图 2-6-10　优化系统界面

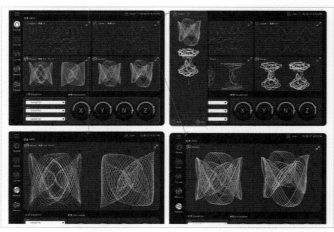

图 2-6-11　平板交互系统界面

图2-6-12　方案生成

通过在方程中输入参数X、Y、N、Z可以改变函数曲线的形状，最终的形状将显示在屏幕上（图2-6-12）。输入或选择不同的参数和方程后，可以得到令人惊叹的参数化形状，并可以在3D打印机中进行打印（图2-6-13）。

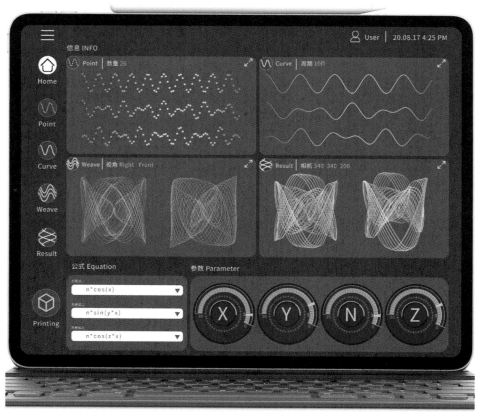

图2-6-13　界面展示

2.7体验设计

Forward 公寓床

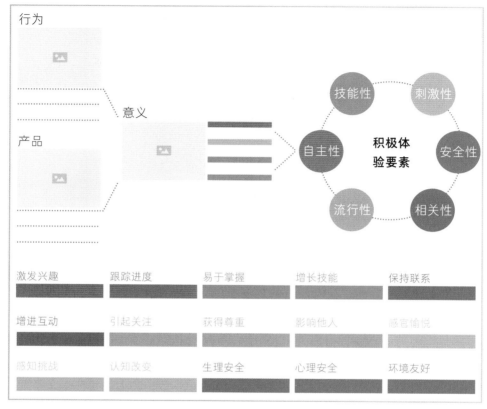

图2-7-1　提升主观幸福感的设计策略

2.7.1　方法介绍

　　主观幸福感是一种积极的心理体验，积极体验可满足用户内心需求。这种积极体验是个体在与产品或服务的交互过程中，产出的有意义的积极情绪。该方法的设计流程包括（图2-7-1）：①用户社会行为研究，包括用户所使用的产品、行为活动、内涵意义；②定义用户的行为动机，依据积极体验设计六要素分析并提取用户需求的积极体验；③利用十五项积极体验设计策略，将积极体验要素可视化为相应的产品、服务、系统、体验。

Forward公寓床设计

　　"Forward"取谐音"为我的"，意在营造"积极向前"的高校寝室氛围，整体增加了30%的寝室收纳空间，具体体现在（图2-7-2）：①中梯扶手一物两用，既可抓握又可置物，中梯与抽拉鞋架合二为一，有效提升储物功能；②抽拉式衣柜，充分利用内部空间，衣柜内置抽拉抽屉，贴身衣物单独收纳；③轻便抽拉板凳，有效解决个人独享及与室友交流之间的空间冲突。

时间：2020年
设计师：田晓梅、徐华苑、李雪菲
该项目是产品服务与积极体验设计工作室为浙江惠美集团
提供的设计方案。

"Forward"被评为2021年度欧洲产品设计奖。

获奖情况

EUROPEAN
PRODUCT
DESIGN
AWARD
2021
欧洲产品设计奖

图2-7-2 效果展示

2.7.2 设计调研

（1）用户访谈

　　该项目投放目标为高校宿舍，故设计人员将东华大学延安西路校区的三宿、四宿、十二宿，松江校区的一宿、二宿定为调研地点，采用结构与半结构访谈的方式，对18名学生展开了详细用户调研（图2-7-3）。为了确保调研数据的准确性与有效性，设计人员对用户学科属性进行区分，其中包括本科生6名，研究生12名；男生9名，女生9名；理工类学生7名，艺术类学生6名，文科类学生5名。

图2-7-3　用户调研

调研过程中，设计师和受访者先沟通了调研方式，然后，在设计师的指导下，受访者依次作答：

①基本情况：填写基本信息，包含姓名、性别、年级和专业；

②现状困境：受访者需针对"您认为目前的校园寝室家具（床、衣柜、书桌、椅子），在使用体验过程中有什么不足之处"作答，此部分为开放性"吐槽"，重点挖掘现有产品功能、风格、造型、材料、工艺、色彩、结构、表面、细节等方面的问题所在；

③未来愿景：受访者需回答"您希望未来的校园寝室家具是什么样的"，该阶段主要为描述下一代产品的物理属性、产品带给用户的积极情感故事。

18名受访者的访谈结束后，由设计师基于以上三点问答内容，将访谈记录进行整理（图2-7-4）。

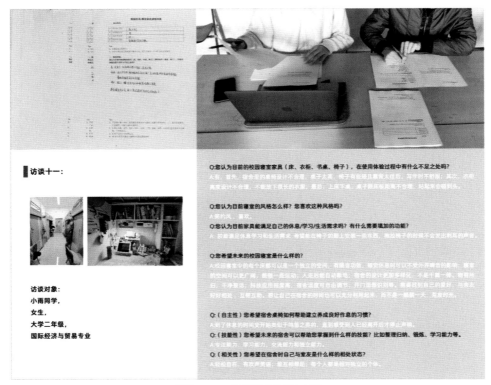

图2-7-4 调研问卷及过程

（2）调研记录整理（表2-7-1）

表2-7-1　调研记录

积极体验要素	现状困境（P=Participant参与者）	未来愿景	愿景概括
安全性 自主性	**P3：** 在宿舍学习的时候，总会有人过来说："哇，你又在学习。"这种时候就会被打扰，还会令人尴尬。 **P4：** 没有隐私空间，每次换衣服都需要去床上拉下床帘，很不方便。 **P7：** 人与人之间靠得太近，会发生A在学习B在娱乐，或A在娱乐B在休息的情况，造成互相打扰。	虽然宿舍是一个公共空间，但还是需要一个属于自己的独立空间，让自己可以更换衣物、专心地学习、沉浸地看一部电影或是保持最放松的姿态。	享受私人世界
相关性	**P6：** 阳台缺少沙发椅和小茶几，无法和室友在阳台上聊天谈心。 **P9：** 没有小茶几之类的家具，不方便和室友一起聚餐、聊天说地。 **P17：** 缺少一个专门供大家交流娱乐的空间，现在宿舍小聚都是自己用行李箱搭建桌面，缺乏仪式感。	希望和我的室友可以偶尔聚个小餐，平时愉快交流，处在一种轻松自在的交流氛围中。	要独处更要交流
流行性 自主性	**P9：** 置物架和衣柜的分格不合理，且衣柜太深，放在里面的衣服很难拿出，多数时候根本找不到衣服。 **P13：** 现有书柜并不能放下所有的书，尺寸偏大的书只能平放在桌面的角落。 **P16：** 宿舍风格太过统一，没有个人的特点，不能彰显个性。	希望宿舍的家具是可以按照我的需求和喜好进行一定范围内的DIY，而不是千篇一律、毫无变化。	我的地盘我做主
技能性	**P11：** 在宿舍的时间也可以充分利用起来，而不是躺在床上，荒废时光。 **P12：** 宿舍缺少学习氛围，经常是学到一半就忍不住玩游戏和追剧。 **P13：** 图书馆的座位总是很少，又很难抢到，此时宿舍有一个学习空间就显得很重要。	虽然宿舍是一个休息的空间，但有时候还是需要一个专门的学习空间，让自己可以在宿舍完成一些临时、紧急或零碎的工作，不用早起去图书馆占座。	不止休闲更是奋斗
技能性 自主性	**P1：** 宿舍上方空间没有很好地利用，学生们会自行在床上弄置物架、小桌板之类。 **P2：** 校园卡和钥匙常被遗忘，需要门边柜放置。 **P4：** 穿过一次的衣服不能放进衣柜，需要一个临时挂衣衣架。	宿舍的空间本身就不大，人一多，东西也多，如果不能很好地进行收纳的话，就会一塌糊涂，显得杂乱拥挤。	收纳我的幸福
安全性	**P4：** 宿舍就是休息的地方，希望每一天都可以拥有一个好的睡眠质量。 **P5：** 宿舍椅子不够舒服，太硬，很难放松地追剧、玩游戏。 **P18：** 天冷时会想在床上坐着，并没有可以倚靠的地方，只能靠在冰冷坚硬的墙上。	在宿舍就是要尽情放松，随心追剧，随时和室友一起组队玩游戏，还可以选择睡到自然醒。	舒舒服服学习轻轻松松生活

（3）设计趋势整理

　　通过对问卷、访谈结果的汇总与梳理，并基于积极体验六要素，设计人员利用GIOIA方法（此方法是美国学者乔亚提出的一种结构化质性研究方法，可理解为"提纯"过程，即在有了访谈记录文档后：①描述用户的现实困境；②针对现实困境提炼主题愿景；③进一步概括未来愿景，得到两至三个关键词）得到了愿景概括，并进一步通过设计网站、文献等渠道收集相关设计素材，总结整理设计趋势（图2-7-5）。

图2-7-5　校园寝室家具十大设计趋势

（4）研究小结（图2-7-6）

现状与愿景	设计趋势	积极体验要素
享受于私人世界	开放与隐私/独特巧思	自主性/安全性
要独处更要交流	开放与隐私/独特巧思	相关性
我的地盘我做主	简约沉稳/活泼友好/自然恬静/温暖柔和	自主性/流行性
不止休闲更是奋斗	多元化功能/独特巧思	技能性
收纳我的幸福	层层收纳/紧凑有序	自主性/技能性
舒舒服服活、轻轻松松学	刚柔并济/独特巧思	安全性

图2-7-6　研究小结

2.7.3 故事构建

（1）用户画像

根据访谈内容，选取一个典型用户，从用户、产品、意义、要素、策略出发，构建用户画像（图2-7-7）。

首先，运用社会活动三要素行为、意义和产品，构建用户幸福愿景，提取用户行为、所用产品和动机意义；其次，将用户的动机意义与积极体验要素进行匹配；再次，将积极体验六要素和积极体验设计策略进行一一对应；最后，通过以上分析，界定用户需求可以通过哪个设计策略可视化为产品。

图2-7-7　用户画像构建

（2）愿景故事

"明天是周六了，和朋友们一起去野餐。拍照当然是必不可少的，要好好搭配一下明天穿的衣服。拉出衣柜，一排衣服整齐地映入眼帘，可以一眼看见需要的衣服；衣柜上方叠好的衣服也分格放好，拿取衣服时再也无需担心将其他衣物连带抽出。这时，三两好友一起商量明天野餐需要带的东西，我把小板凳抽拉出来方便和朋友沟通交流。其间，朋友看见我放在储物柜上的小盆栽，提议明天带着。商量完毕，我洗漱整齐准备入睡。床上的小桌板方便我放平板，解放双手。置物板可以收纳手机、眼镜等，避免掉落和压碎。非常期待明天的野餐。"

2.7.4 概念构建

（1）设计灵感（图2-7-8）

图2-7-8　设计灵感

（2）草图绘制（图2-7-9）

概念一"MAXIMIZE"以"海纳百川"为灵感主题。首先，运用"保持联系""心理安全"和"环境友好"设计策略，考虑公寓床的下部整体采用C字包围结构，在保证用户隐私的前提下又不完全阻碍交流；其次，使用"易于掌握"设计策略，将衣柜改为前后抽拉形式，充分利用空间的同时便于使用；最后，利用"激发兴趣""增长技能"设计策略，衣柜内设计可左右滑动的木板，便于学生根据衣物种类、厚薄、多少等进行自由安排。此方案最大限度利用空间，增加约30%的储物空间，旨在为学生带来规整的愉悦体验。

概念二"方寸"以"方寸之间"为设计主题。首先，基于"心理安全""环境友好"设计策略，整体由两个L型模块组成，形成各自的独立空间；其次，依托"环境友好"设计策略，规划上床下桌，互不打扰的同时，达到节约空间的目的；最后，运用"增长技能""引起关注"设计策略，设置层层叠叠的储物板和桌子，整体保持顺畅的视觉语言。此方案使拥挤的方寸之地变为惬意自如的方寸之间，旨在让用户拥有自在的宿舍生活。

概念三"叠"以"叠见层出"为设计灵感。首先，按照"激发兴趣""跟踪进度"和"技能增长"设计策略，设置洞洞板为床上挡板，用户可按需购买配件，自主搭配安装；其次，依照"生理安全""增长技能"设计策略，增加储物楼梯，既安全又可增加储物空间；再次，参照"生理安全""引起关注"设计策略，采用横向凹嵌式床板，安全牢固、美观简洁；最后，凭照"跟踪进度""增长技能"设计策略，增设计划板区域，方便用户记录重要行程。此方案整体提供一种舒适简洁的风格，旨在为用户提供一种自然安静的宿舍氛围。

概念四"FORWARD"谐音"为我的"，以"为我"为灵感来源。首先，设计师运用"心理安全""环境友好"设计策略，一改传统的左右布局的桌子，采用前后放置的形式，给用户安全感；其次，根据"保持联系""增进互动"设计策略，设置抽拉小板凳，"为我"悦享交流；再次，依据"增长技能"设计策略，设计床上小桌板和储物板，便于用户轻松学习；最后，凭借"心理安全""环境友好"设计策略，增设左右推拉式床帘，保证用户隐私安全。此方案旨在围绕用户设计，"为我"创造和设计一切可能。

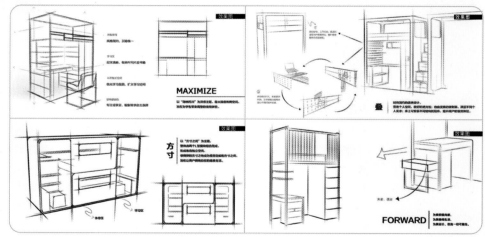

图2-7-9　四款设计概念草图

发散完设计概念后，设计师借助焦点小组方法，评估和筛选手绘概念（图2-7-9）。保留概念"MAXIMIZE"中C字包围结构；概念"方寸"里L型模块、桌子上方层叠的储物板、抽拉式衣柜的功能；概念"FORWARD"中抽拉小板凳、床上小桌板功能；以及概念"叠"中洞洞板式挡板、横向凹嵌式床板、抽屉式楼梯等功能。最终，优化整合为一个方案进行深入设计（图2-7-10）。

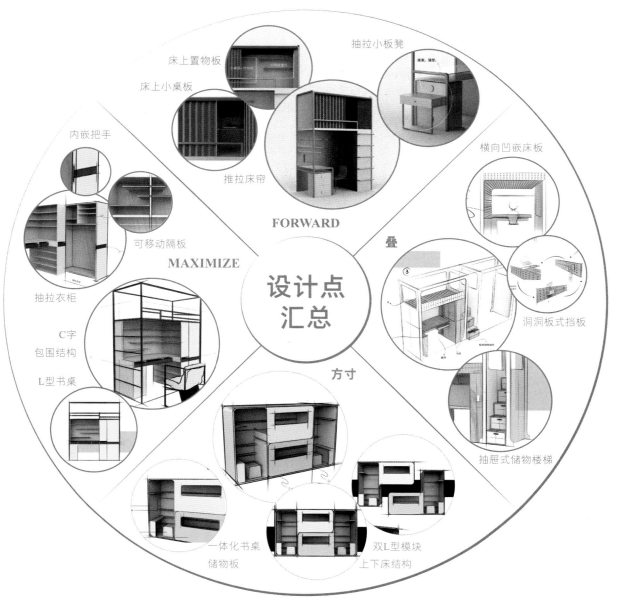

图2-7-10 设计点汇总与细化

2.7.5 产品设计

在产品设计中，设计师以前期用户调研中发现的具体问题为出发点，以积极体验设计策略为依据，对高校寝室家具展开了十五个功能和情景维度的创新设计，具体描述如图2-7-11所示，最终效果如图2-7-12所示。

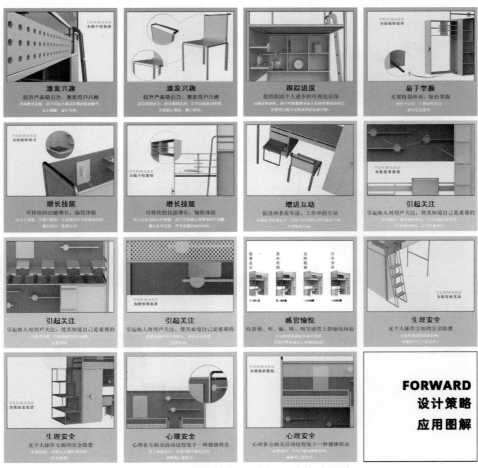

图2-7-11　产品细节设计与设计策略示意

让生活从消极走向积极

图2-8-2 效果展示

2.8.2　方法介绍

图2-8-3　词频分析

（1）文献抓取

　　①设计师通过在科学网（Web of Science）上搜索与"Emotion Regulation"（情绪调节）、"Negative Emotion Regulation"（消极情绪调节）、"Emotion Regulation Strategy"（情绪调节策略）等相关的关键词，收集到近五年来参考文献数量最多的200篇文献；②经两位设计专家评审，筛选出70篇与情绪调节关系密切的文献；③采用NVIVO词频分析法和HANABI数据可视化方法，对70篇文献进行定性分析和特征提取（图2-8-3），生成了35种情绪调节方法（图2-8-4）；④依据用户与冲突事件的时间与空间关系细分，优化成五个类别。

（2）消极情绪调节关键词研究

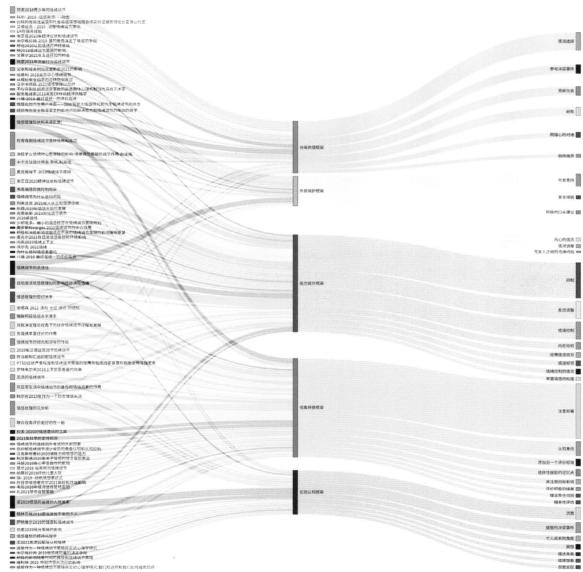

图2-8-4　35种情绪调节方法生成步骤

2.8.3 框架释义

提升用户积极情绪设计框架是基于时空关系细分的五种分类与具体的设计方法组合而成的，包括分离共情框架、外部保护框架、能力提升框架、视角转换框架和宏观认知框架。

①分离共情框架：意味着用户和冲突事件是分离于时间和空间的。它是一个在用户与冲突事件分离的状态下激发用户共情并产生积极情绪的框架。可从时间和空间两个维度上进行解释和执行，使用户产生共情，提升积极情绪。

②外部保护框架：表示目标用户面临冲突事件的风险并为用户提供外部安全，从而创造愉快的体验。这个框架可从主观和客观安全的提供出发，使用户提高安全感，提升积极情绪。

③能力提升框架：意味着用户处于冲突事件中，提高用户自身的能力或调整冲突事件的性质或难度来增强用户对冲突事件的控制，产生愉快的情绪。根据海因茨·黑克豪森（Heinz Heckhausen）的研究，人们倾向于首先选择控制冲突事件，当事件失控时，人们倾向于控制自己的情绪。

④视角转换框架：代表冲突事件解决后，从另一个角度重新评估冲突情况对自己影响的框架。与心理学中的重新评价相似，视角转换框架通过设计改变视角，引导用户对冲突事件进行积极的再评价，使消极情绪转化为积极情绪。

⑤宏观认知框架：代表了冲突事件结束后引导用户从更宏观的角度来看待冲突事件的发生，例如从个人成长的角度来看待自我实现，从人类的视角来看待他人，从而产生相应的积极情绪和愉快体验。

2.8.4 设计调研

2020年以来的新冠肺炎疫情持续影响并改变着全球人们的日常生活、工作与学习。本设计基于以上五种设计框架对该主题分别从用户尚未感染病毒时、用户面临病毒时、用户患病时、用户痊愈时、用户痊愈后五种状态进行研究分析，以希获得有效的设计概念（图2-8-5）。

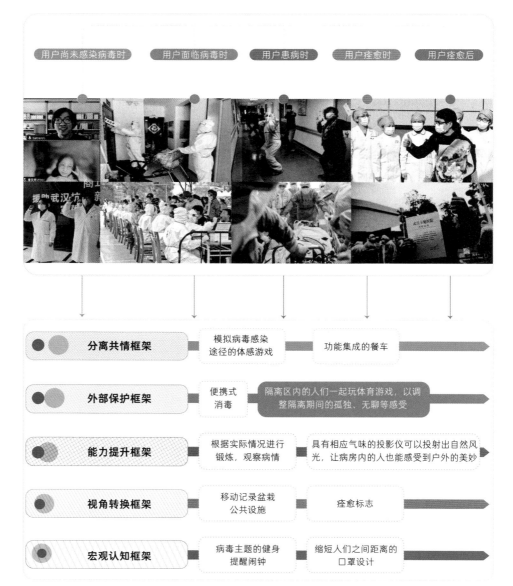

图2-8-5 框架使用示意

2.8.5 概念界定

（1）概念筛选

通过五种设计框架生成了多个设计概念，通过对概念进行比较筛选，选中了外部保护框架中的"隔离区内的人们一起玩体育游戏，以调整隔离期间的孤独、无聊等感受"这一个概念进一步深入。

由于隔离措施是遏制新冠传播的有效手段之一，但对被隔离人群来说会产生许多消极情绪体验。据统计，人们在新冠肺炎隔离期间的负面情绪可能与长时间的手机娱乐和缺乏与他人沟通有关。因此何不为被隔离人员提供在安全条件下相互交流和健康娱乐的机会呢？

（2）概念草图

这是一款运动游戏手柄，用于在新冠疫情的集中隔离中缓解用户的负面情绪。它是一个用来满足隔离区用户室内运动和社会交往需求的物联网球拍，也是一盏温暖的陪伴小夜灯。致力于将冷寂的隔离区变成一个欢乐、愉悦的运动室。基于此进行概念草图展开（图2-8-6）。

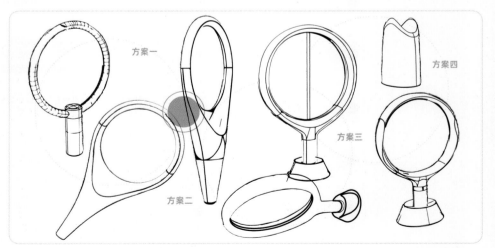

图2-8-6　草图绘制

2.8.6 造型设计

基于选中的概念草图进行电脑3D虚拟建模，以感知其形态、色彩等视觉语言特征。作为一款物联网游戏手柄设计，其造型需要契合用户运动时手握习惯，因此电脑建模完成后，需要通过草模制作进行设计人机工学测试，以达到设计美观与舒适实用之目的（图2-8-7）。

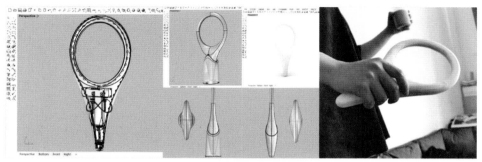

图2-8-7　造型设计

设计师采用PVC发泡板进行实际造型的测试实践。3D技术的造型设计控制着草模的大致形状，再通过实体感受，分别采用60目、120目的砂纸对产品进行细节调整。最后采用1200目的砂纸进行模型打磨（图2-8-8）。

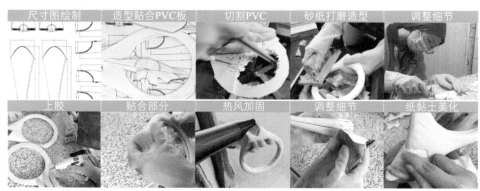

图2-8-8　模型制作

2.8.7 结构设计

在前期造型设计基础上，进行产品结构、工艺、主板等的深入设计。通过线性谐振制动器实现球拍的震感反馈功能。通过嵌入式程序语言实现了手柄与程序之间的体感交互。无线网络连接技术实现了隔离区的互联功能。同时手柄采用ABS金属喷漆，使其重量达到目标用户可以轻松使用的程度，细节见图2-8-9。

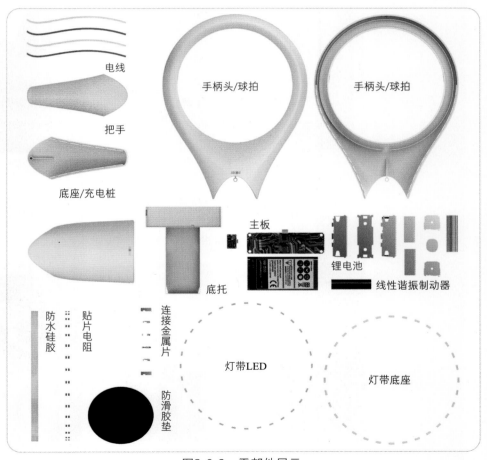

图2-8-9　零部件展示

2.8.8 界面设计

在任意带有智能显示屏的设备（手机、平板、电脑、电视等）上下载应用程序，然后与运动手柄通过无线网络连接，便可进入游戏系统（图2-8-10）。使用者可在线上发现同在隔离区的陌生人或好友，邀请对方加入运动游戏，接受挑战（图2-8-11）。简约的界面视觉，可传递清晰的设计语言。

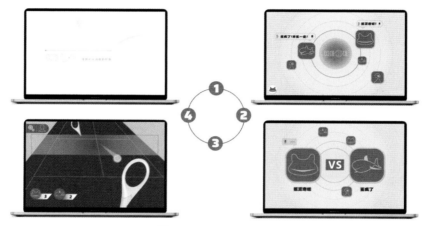

图2-8-10　界面设计

图2-8-11　使用场景展示

2.8.9 交互设计

本设计中的交互设计特征主要体现在如下几点：

①多感官交互模式。灯光、语音等多维交互体感，提供丰富的产品体验，提升用户积极情绪。

②无聊时的趣味运动。简单易上手的打球游戏，打发用户的日常时光。

③闲来时的呼朋唤友。手机APP对周围"邻居们"发出打球邀请。

④夜晚时的幽幽相伴。Here持续发出亮光，也可以作为陪伴小夜灯使用。

详见图2-8-12，最终效果如图2-8-13所示。

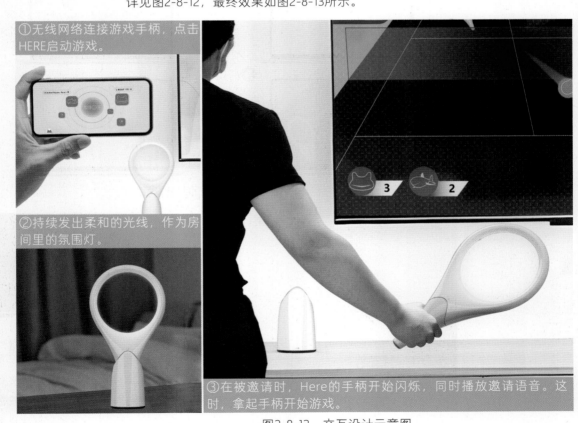

①无线网络连接游戏手柄，点击HERE启动游戏。

②持续发出柔和的光线，作为房间里的氛围灯。

③在被邀请时，Here的手柄开始闪烁，同时播放邀请语音。这时，拿起手柄开始游戏。

图2-8-12　交互设计示意图

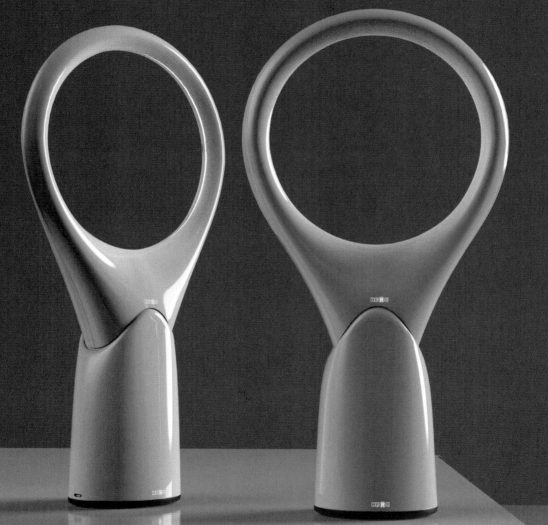

图2-8-13　效果展示

2.9体验设计

Growth 促进交流桌

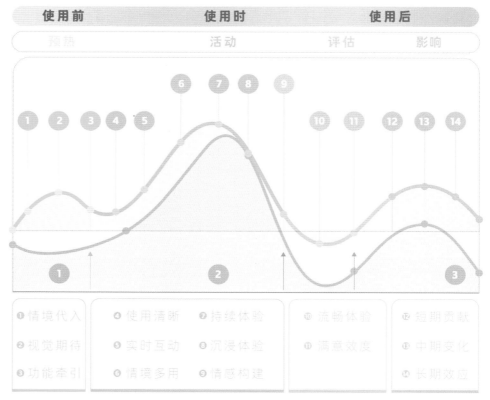

图2-9-1　延长产品积极体验周期的设计策略

2.9.1 方法介绍

　　该方法是在可持续设计思维导向下，探索面向产品积极体验周期的设计策略。具体可分为四个阶段（图2-9-1）：预热阶段（情境代入、视觉期待、功能牵引）、活动阶段（使用清晰、实时互动、情境多用、持续体验、沉浸体验、情感构建）、评估阶段（流畅体验、满意效度）、影响阶段（短期贡献、中期变化、长期效应）。该设计策略有助于设计师有效生成面向产品积极体验的设计概念，以提升用户可持续积极体验与主观幸福感。

Growth促进交流桌设计

　　"代沟"使长辈与晚辈之间的关系愈渐疏远。该设计以声音为媒介，促进用户间的互动。"Growth"有三个维度的含义。功能层面：利用了参数化设计，对损坏的桌腿与桌面再设计，使其呈现树枝的生长纹理；识取声音而变化的动画部分采用"融球"的设计元素，两者结合形成一种"枯枝再春"的视觉感受。形式层面：利用老物件结合新技术，赋予老物件全新视觉体验。情感层面：该设计承载着促进亲人间沟通交流的美好愿景，即家人间的感情通过老物件焕发新生。老年人获得了更多家人陪伴，也从无聊乏味的老年生活中获得新活力（图2-9-2）。

时　　间：2022年
设计师：黄沛瑶
该项目是其在产品服务与积极体验设计工作室的毕业设计作品。

"Growth"被评为2022年度欧洲产品设计奖。

获奖情况

**EUROPEAN
PRODUCT
DESIGN
AWARD**
2022 WINNER
欧洲产品设计奖

Growth

图2-9-2 效果展示

2.9.2 策略释义

（1）预热阶段

用户体验产品服务之前，对该产品产生的积极使用预期。

情境带入：在情境层面，用户可拥有哪些美好的故事？用故事的方式将枯燥的生活变得有趣。

视觉期待：在视觉层面，通过怎样的视觉感知吸引用户？可用视觉风格版的方式呈现。

功能牵引：在互动层面，引起用户使用欲望的创新互动是什么？可用功能交互板的方式呈现。

（2）活动阶段

用户在体验产品服务时，产生交互上的情感连接。

使用清晰：产品应该拥有清晰的、直接的、简约的功能语义。

实时互动：产品应即时地与用户进行互动，并提供相应的反馈。

情境多用：产品应满足用户在不同情境下，拥有相同的互动体验。

持续体验：产品应提高使用效能，给用户带来持续的愉悦体验。

沉浸体验：产品应满足用户在环境或场景下，多触点的、多感官的体验。

情感构建：产品应使用户无意识地产生珍惜之情以延长产品寿命或有意识地对该产品实施创新性的活动使其继续留在用户身边。

（3）评估阶段

用户在使用某种产品服务后产生的结果评价，即用户对该次体验的认知。

流畅体验：产品的全链路体验触点与交互过程应具有完整性和流畅性。

满意效度：产品的体验应满足多触感、多情境下的用户综合评估。

（4）影响阶段

在完成某种产品服务体验后，对用户所产生的短、中、长期影响。

短期贡献：产品当下所带给用户的满足与愉悦的感受。

中期变化：产品对用户所产生的阶段性的影响变化。

长期发展：产品对个体、对他人以及对社会均产生长期积极的影响。

2.9.3 项目背景

设计师从小由外公抚养长大。随着逐渐长大，她的生活与外公之间的距离越来越远，闲暇时间，彼此也用手机和报纸化解尴尬。设计师回忆，外公家曾有一张老式实木虎腿桌。小时候，无论是练书法、写作业，外公都在桌边陪着她。在那个没有互联网的时代，她认为那张桌子是连接外公与她情感的纽带。去年因为搬家缘故，桌子被家人们放置到影视家具仓库中进行租售（图2-9-3）。庆幸的是，设计师最终赎回了当年那张实木虎腿桌作为该设计项目的原型，该桌子有20年历史，有一条桌腿已损坏，不能正常使用。

图2-9-3　家具仓库实拍

在确定好需要延长积极体验周期的目标对象后，设计师利用建模软件Rhino对其进行了1∶1的模型复原工作（图2-9-4），并基于延长产品积极体验周期的设计策略，对损坏桌腿与桌子的整体衔接和视觉美感展开再设计（图2-9-5）。

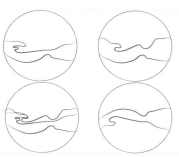

图2-9-4　建模复原与再设计

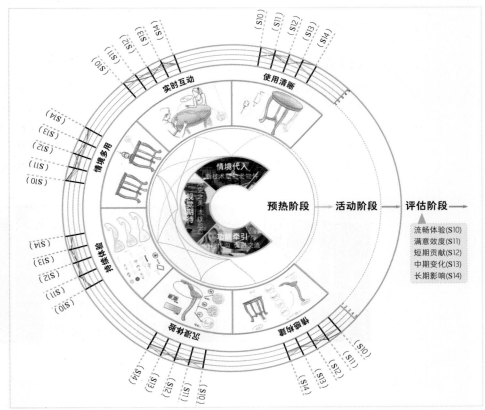

图2-9-5　设计策略应用

　　基于该设计策略，设计师进一步明晰了设计概念。①使用清晰：桌子连接电源，即可自动开始工作。②实时互动：根据场景内用户声音的持续时间自动更新图形生长的颜色、速度、大小等相关参数。③情境多用：该桌子在日常是喝茶、聊天桌，促进亲人间的感情，在夜晚也可充当小夜灯陪伴用户左右。④持续体验：拾取声音的系统支持无线网络，同时，系统也会依据天气、节日等因素自动更新"生长"图案。⑤沉浸体验：该桌子支持用户视、听、触的多感官体验，提升了用户的主观幸福感。⑥情感构建：利用老物件结合新技术的方式构建用户的情感连接，以达到持久陪伴的作用。

2.9.4 参数化设计

（1）桌子实体部分参数化设计

设计师看到这个老物件的时候（桌子），总能使她想起童年无忧无虑的美妙画面。回忆起来，外公是那时不可或缺的"玩伴"，那些画面：是春意盎然的，酣然午后，烧开的开水声此起彼伏，泡上新茶，馥郁芬芳；是夏虫蝉鸣的，晚饭过后，把桌子搬到院子里乘凉，桥牌上桌，喧闹不断；是秋收喜悦的，闲暇午后，剥一筐一筐的花生瓜子，一同付出，共创美好；是冬日暖阳的，黄昏过后，被铜锅冒出的雾气环绕，品尝美食，幸福温暖。

设计师提取童年记忆中的美好瞬间——竹椅（编织）、乘凉（星空）、游泳（波光）、午睡（梦境）、捉迷藏（迷宫）以及桂花树（生长）为主题，对桌子的损坏部分进行了六款方案设计（图2-9-6 ~ 图2-9-11）。

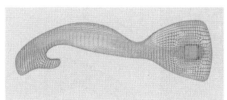

图2-9-6　方案一：编织

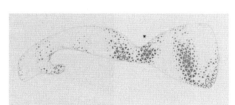

图2-9-7　方案二：星空

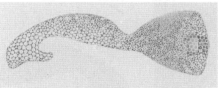

图2-9-8　方案三：波光

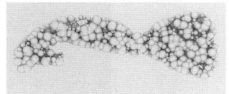

图2-9-9　方案四：梦境

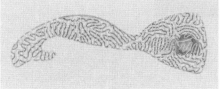

图2-9-10　方案五：迷宫

图2-9-11　方案六：生长

（2）桌子拾音动画界面参数化设计

动画设计部分的灵感来自"融球"的概念，及一个圆球生长成多个圆球过程的图形元素（图2-9-12、图2-9-13）。旨在与实体部分参数化的蔓延树枝纹理相呼应，呈现一种"枯枝再春"的视觉语义，与设计主题生长（Growth）相呼应。

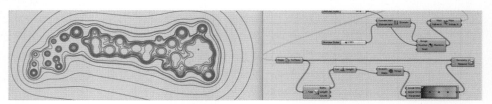

图2-9-12　声音可视化设计探索过程

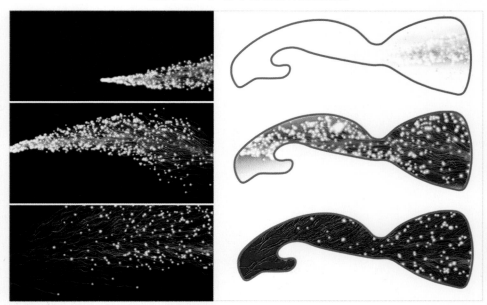

图2-9-13　声音可视化设计

交互设计主要分为硬件部分和软件部分。硬件部分：主要由单片机（屏幕控制）、收音器（传感器）以及LED显示器组成。软件部分包括四个部分。①将写好的动画等软件程序输入单片机。②通过传感器控制动画的转换，动画分为未激活状态和激活状态。③当用户连接电源后，该桌子处于未激活状态，LED屏幕会亮起，当声音传感器拾取到声音数据时，动画程序则被激活，此时播放激活状态动画。在此状态下，该程序通过记录累计的拾取声音时间，控制动画播放的进程，即在1、5、10、20、30分钟时将呈现不一样的圆形衍生动画。当声音传感器在1分钟之内没有识别到新的声音时，将自动跳转到未激活状态。④该交互设计功能承担起了打开话匣子的角色，激励用户交谈，在延长产品生命周期的同时提升了用户的积极体验（图2-9-14）。

图2-9-14　互动场景示意

图2-9-15　产品整合效果

2.9.5 结构展示

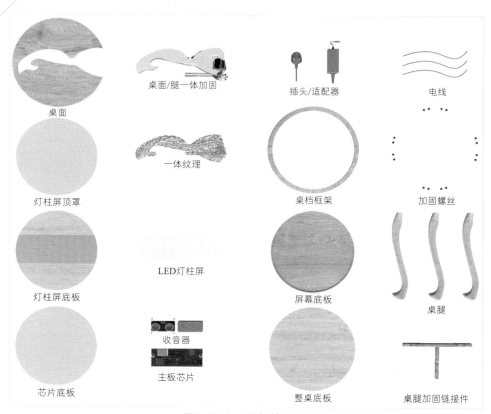

桌面

桌面/腿一体加固

插头/适配器

电线

一体纹理

灯柱屏顶罩

桌档框架

加固螺丝

LED灯柱屏

灯柱屏底板

屏幕底板

桌腿

收音器

主板芯片

芯片底板

整桌底板

桌腿加固链接件

图2-9-16　零部件展示

　　通过"新技术"赋能"老物件"的方式，延长产品的积极体验周期。在老物件形态基础上，对其进行产品功能体验、结构工艺、主板程序的再创新设计。通过参数化设计与3D技术强化桌子的稳定性。利用声音可视化插件与嵌入式程序语言实现了用户声音与桌面动画之间的趣味互动。该设计桌生长（Growth）将"传统"与"现代"融合，形成强烈的视觉冲突与形式美感。其产品效果如图2-9-15，零部件拆分设计如图2-9-16。

2.9.6 效果展示（图2-9-17）

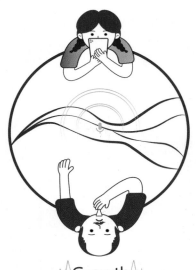

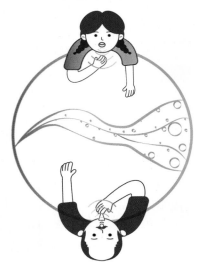

图2-9-17 效果展示

2.10品牌设计

晨光儿童文具系列

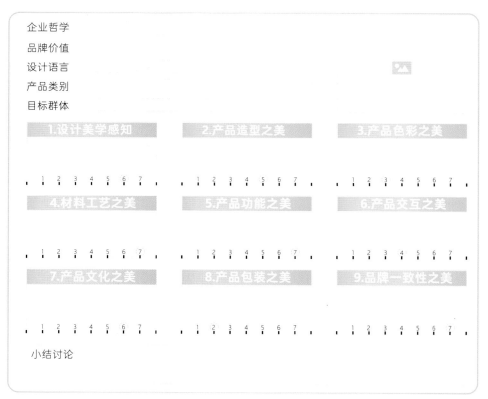

图2-10-1　品牌一致性设计方法

2.10.1　方法介绍

　　为一个品牌做设计，需了解其企业哲学，因为企业哲学首先影响了品牌价值观，然后决定了设计语言。面向不同的目标群体，贯穿于产品品类中，体现在设计美学感知、产品造型之美、产品色彩之美、材料工艺之美、产品功能之美、产品交互之美、产品文化之美、产品包装之美、品牌一致性之美等各要素中（图2-10-1）。该方法不是一个具体的设计工具，而是品牌产品开发过程中，为保持品牌一致性的设计语言而需遵守的规则要素。

晨光儿童文具系列设计

　　此系列作品是为上海晨光文具设计的儿童水彩笔与儿童教具。本次设计定义了晨光儿童文具设计语言。在"创意价值成就者"的企业哲学中，在"真诚、品质、创意、乐趣"的品牌价值下，体现了自由我创意的设计风格，这有助于晨光儿童文具后期品牌一致性设计。具体设计说明如下：

　　①儿童水彩笔，原料采用食品级色素保证孩童安全。笔头：软头笔可随意变换角度以画出不同粗细线条，实现孩童创意；颜料：肌肤、衣服上的颜料皆可轻松擦除；笔杆：三角笔防止滚落；笔尾：笔末端增添可爱印章，提高绘画乐趣；笔盒：外包装便携，内设笔槽方便收纳。

　　②儿童教具包括学具盒、算盘、计数器。学具盒内含计数器、答题板、学具等工具，全方位开发孩童智力；算盘将答题板、笔、算盘巧妙结合，方便孩童运算能力提升；计数器一体式整体V字造型、朴素简约，便于小朋友手握、携带。儿童教具从视觉、舒适、功能方面提高孩童认知能力、学习能力、动手能力。

时间：2019年
设计师：吴春茂、张笑男、高天、韦伟、张诗奕、冯子榆
该项目是产品服务与积极体验设计工作室为上海晨光（M&G）提供的设计方案。

"晨光儿童文具系列"被评为2020年度上海设计100+。

获奖情况

上海设计100+

图2-10-2 效果展示

2.10.2 设计调研（图2-10-3）

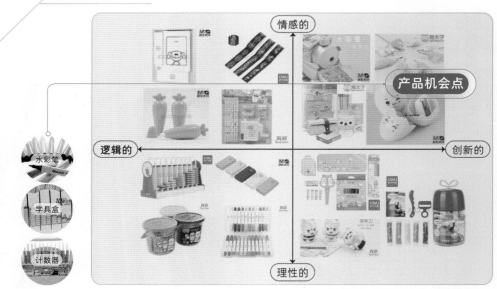

图2-10-3　设计调研

（1）目标用户（图2-10-4）

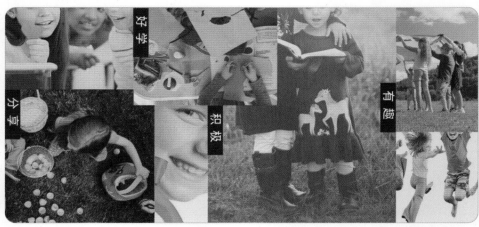

图2-10-4　目标用户

（2）品牌个性（图2-10-5）

"视觉上"	"感觉上"	"行动上"
简单的	真诚的	进步的
有趣的	积极的	互动的
多彩的	愉悦的	益智的

图2-10-5 品牌个性

2.10.3 方法运用（图2-10-6）

企业哲学	创意价值成就者
品牌价值	真诚、品质、创意和乐趣
设计语言	自由我创意（Let ideas fly）
产品类别	儿童水彩笔
目标群体	3~12岁儿童、青少年

1.设计美学感知

变化与统一：统一的水彩笔形状通过变化的笔杆区分水彩笔的色彩。

节奏与韵律：红、橙、黄、绿、青、蓝、紫色等颜色按照色环的色相依次包装，整体的节奏中体现出多彩世界的韵律感。

1　2　3　4　⑤　6　7

2.产品造型之美

装饰之美：笔帽的参数化装饰肌理，既增加了用户在开帽时的摩擦力，又提升了儿童视觉感知；笔尾的装饰性小花，既可用于小朋友的印章，又装饰了水彩笔。

1　2　3　④　5　6　7

3.产品色彩之美

多彩儿童风：该水彩笔包括了12、18、24、36、48色共五款搭配；在色相上，包含了色环上主要颜色；在明度上，采用适合儿童且明度偏高的色彩；在纯度上，采用高纯度色彩，增加活力。

1　2　3　4　5　6　⑦

4.材料工艺之美

食品级原料：软头水彩笔采用食品级原料，让儿童的绘画过程更安全。

聚丙烯（PP）塑料:.产品包装采用透明聚丙烯塑料，强度偏弱。

1　2　3　④　5　6　7

5.产品功能之美

微设计：在水彩笔笔帽上赋予笔帽三角肌理材质，提升摩擦力，帮助孩子更容易打开。

无意识设计：三角形态笔杆，提高握笔时的舒适度，矫正握笔姿势。统一笔帽可提升收纳速度。

1　2　3　4　5　⑥　7

6.产品交互之美

人机交互：参数化笔帽方便了儿童拔插，趣味印章，每只笔盖上有不同的趣味印章，增加涂鸦乐趣；把手设计更方便儿童手握包装盒。在趣味及使用交互上还有很大的提升空间。

1　2　③　4　5　6　7

7.产品文化之美

自由我创意：晨光系列产品与创意相关，通过助人实现创意梦想，成就他人的创意价值，进而体现出自由我创意的企业文化。

1　2　3　④　5　6　7

8.产品包装之美

表里如一：采用部分透明材质作为产品包装，使消费者能直观的看到产品内部面貌。

叙事包装：可视化表达了孩子使用晨光水彩笔，从中获得灵感启发、益智的效果。

1　2　3　4　⑤　6　7

9.品牌一致性之美

品牌传统：尚未形成清晰品牌语言。

经典设计：虽然品牌体量大，但尚未有标志性设计作品。

激情宣传：以线下、线上结合的传统销售方式，激情传播。

1　②　3　4　5　6　7

小结讨论： 此晨光儿童水彩笔，在创意价值成就者的企业哲学，真诚、品质、创意和乐趣的品牌价值下，遵守了自由我创意的设计语言，针对青少年儿童，在变化统一、节奏韵律中体现设计美学，产品造型体现了装饰之美，产品色彩采用多彩儿童风，虽采用了食品级颜料，但产品材料需要强化；虽增加了产品细节功能，但产品交互上需要强化；虽正在建构自由我创意的产品文化与包装，但在品牌文化与一致性方面仍有大量工作要做。

图2-10-6　方法运用

2.10.4 水彩笔设计（图2-10-7、图2-10-8）

① 几何形的开合方式更加醒目、方便。

② 圆融饱满的把手，拿取更加舒适。

③ 侧面由宽到窄的把手更加适用于儿童。

④ 流畅的曲线提升舒适的体验。

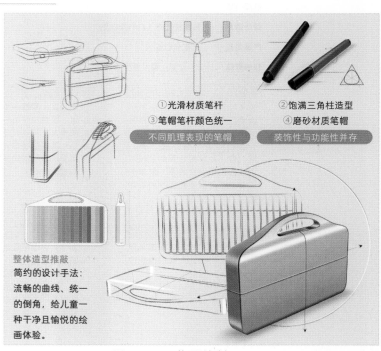

①光滑材质笔杆　②饱满三角柱造型
③笔帽笔杆颜色统一　④磨砂材质笔帽

不同肌理表现的笔帽　　装饰性与功能性并存

整体造型推敲
简约的设计手法：流畅的曲线、统一的倒角，给儿童一种干净且愉悦的绘画体验。

图2-10-7　草图绘制

图2-10-8　水彩笔设计效果

品牌设计：晨光儿童文具系列

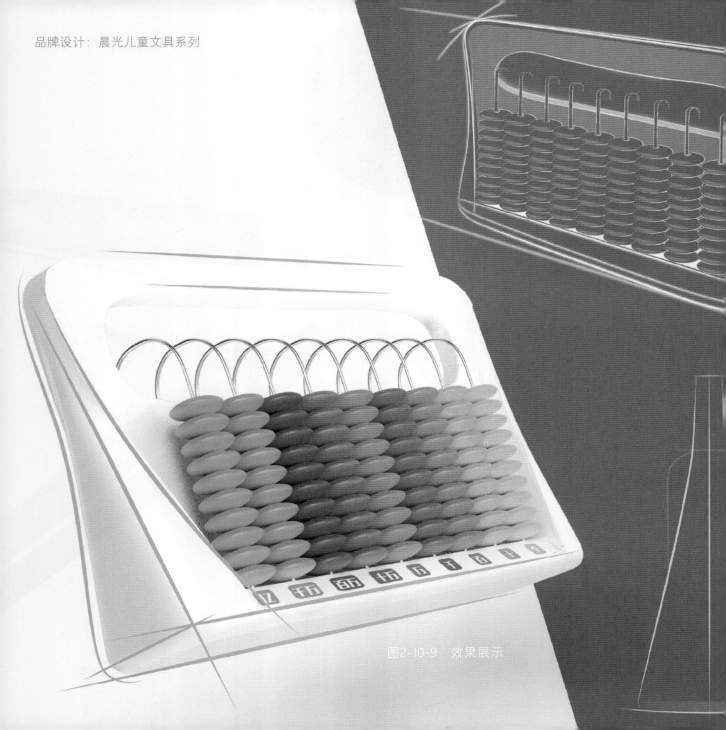

图2-10-9　效果展示

2.10.5 计数器设计

（1）概念设计

　　①把手：将珠算器统一为整体，串珠处直接设计演变为把手，一方面便于拿取，另一方面更好的保护产品，延长其使用寿命。②珠托：将珠托和文字直接统一，斜型侧面。简洁统一，且便于使用者查看。③平面：正面：印上逐步成长的小树，使小朋友在学习时不感到无趣。背面：印上时钟，可以统计学习时间。详见图2-10-9、2-10-10。

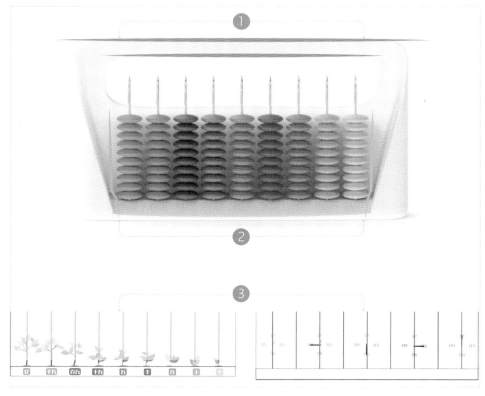

图2-10-10　计数器概念设计

（2）细节说明

　　①10以内加法口诀表方便复习；②将"胜利"手势运用到造型中，激励儿童不断进步，激发学习兴趣；③顶部逐渐变细及合适的镂空位置，便于儿童手握；④男女色系的主色与白色搭配，更加清晰；⑤白色挡板使儿童在拨动算珠时，更简洁、醒目，保护眼睛；⑥算珠与标示统一颜色，便于阅读；⑦整体造型统一又不失儿童活泼、天真的感觉。详见图2-10-11、图2-10-12。

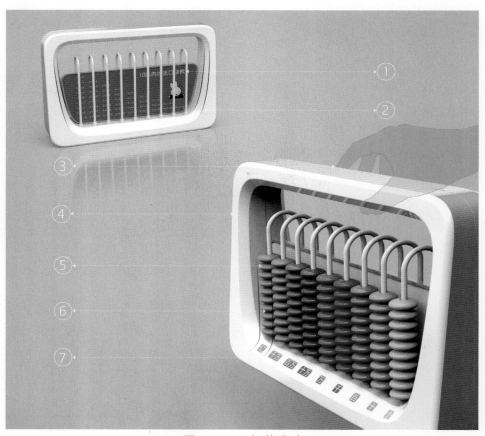

图2-10-11　细节设计

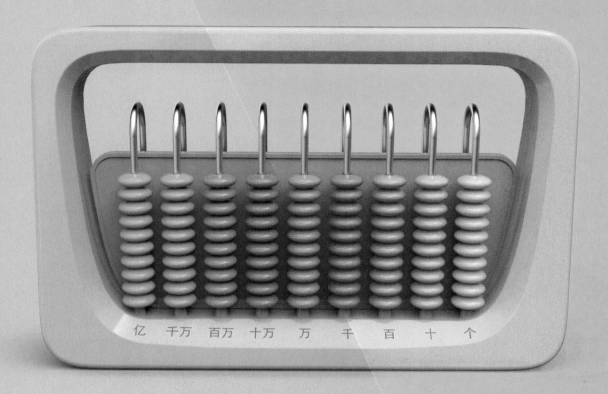

图2-10-12　最终方案

2.10.6 学具盒设计

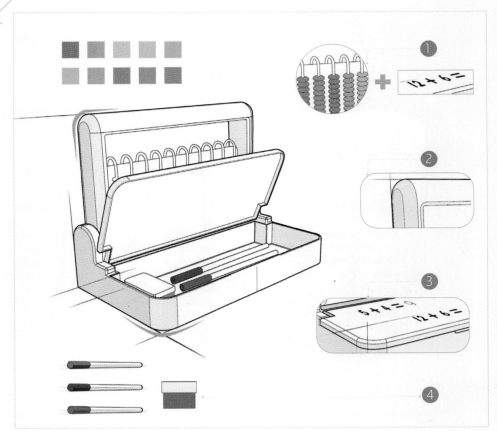

.图2-10-13　学具盒概念设计

概念设计

　　①将计数器和数学学习相结合，让学习变得更有效率；②流畅的线条,圆滑的边缘；③可以随意书写的白板；④不同颜色的记号笔可供挑选，还有可以擦去笔迹的板擦。详见图2-10-13、2-10-14。

书写白板
三支彩笔
一个板擦
十珠九档
加法口诀

彩色算珠
造型圆润
蓝粉两款

随时记录
书写流畅
便于清洁

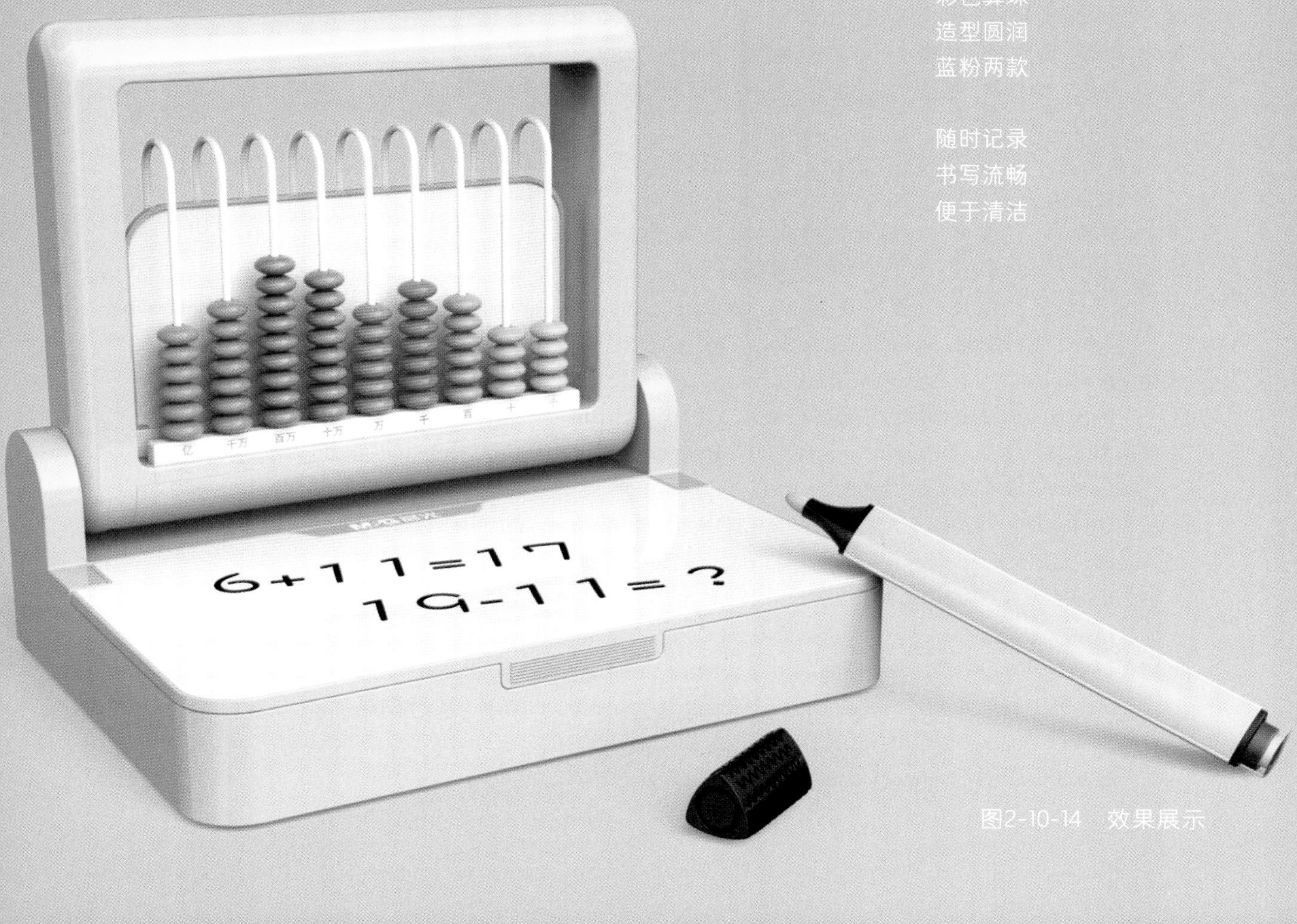

6+11=17
19-11=?

图2-10-14　效果展示

参考文献

［1］吴春茂. 产品服务与积极体验设计［M］. 北京：中国纺织出版社，2022.

［2］吴春茂. 生活产品设计（第二版）［M］. 上海：东华大学出版社，2020.

［3］STICKDORN M，SCHNEIDER J. 这就是服务设计思考！［M］. 池熙璇，译. 台北：中国生产力中心，2015.

［4］代尔夫特理工大学工业设计工程学院. 设计方法与策略：代尔夫特设计指南［M］. 倪裕伟译. 武汉：华中科技大学出版社，2019.

［5］黄蔚. 好服务，这样设计：23个服务设计案例［M］. 北京：机械工业出版社，2021.

［6］韦伟，吴春茂. 用户体验地图、顾客旅程地图与服务蓝图比较研究［J］. 包装工程，2019，40（14）：217-223.

［7］吴春茂，高天，孟怡辰. 基于积极体验的参数化产品设计模型［J］. 包装工程，2021，42（6）：142-150.

［8］吴春茂，田晓梅，何铭锋. 提升主观幸福感的积极体验设计策略［J］. 包装工程，2021，42（14）：139-147.

［9］VIJAY K. 101 Design methods: a structured approach for driving innovation in your organization［M］. Hoboken：John Wiley & Sons，Inc，2013.

［10］FOKKINGA S F & DESMET P. Ten ways to design for disgust，anxiety，and other enjoyment［J］. International Journal of Design，2013，7（1）：19-36.

［11］APTER M J. Reversal theory: the dynamics of motivation，emotion，and personality［M］. London：Rout ledge，1989.

［12］GIOIA D A，CORLEY K G，HAMILTON A L. Seeking qualitative rigor in inductive research: notes on the gioia methodology［J］. Organizational Research Methods，2012，16（1）：15-31.

［13］KUJALA S，VOGEL M，POHLMEYER A E，et al. Lost in time: the meaning of temporal aspects in user experience［J］. Association for Computing Machinery，2013：559-564.

［14］POHLMEYER A E. Enjoying joy: a process based approach to design for prolonged pleasure［C］. Helsinki：8th Nordic Conference on Human-Computer Interaction（NordiCHI ' 14），2014.

［15］SOYOUNG K，HENRI C，CHAJOONG K. Understanding everyday design behavior: an exploratory experiment［J］. International Journal of Design，2021，15（1）：33-50.